服装高等教育"十二五"部委级规划教材

童装设计

TONGZHUANG SHEJI

田 琼 主编

刘丽丽 董 怡 童 敏 副主编

中国纺织出版社

内 容 提 要

　　本书在结合童装专业发展的新思路和实际教学需求的基础上，立足于从系统理论到设计实践的完整教学内容进行编写。既涵盖了童装的专业理论、设计美学等基础知识，又从专业的角度以尊重儿童、引导儿童的审美、保护儿童的健康出发，细致地阐述各年龄段儿童生理和心理特征与服装设计的关系，专题讨论了经典品种童装设计的要领和方法，并融入绿色童装的新兴理论。

　　本书每章都有教学要求、小结和思考题，适合高等院校服装专业师生和服装爱好者学习和使用。

图书在版编目（CIP）数据

童装设计／田琼主编. —北京：中国纺织出版社，2015.4（2024.2重印）
服装高等教育"十二五"部委级规划教材
ISBN 978-7-5180-1110-0

Ⅰ．①童… Ⅱ．①田… Ⅲ．①童服—服装设计—高等学校—教材 Ⅳ.①TS941.716.1

中国版本图书馆CIP数据核字（2014）第237575号

策划编辑：李春奕　　责任编辑：杨　勇　　责任校对：王花妮
责任设计：何　建　　责任印制：储志伟

中国纺织出版社出版发行
地址：北京市朝阳区百子湾东里A407号楼　邮政编码：100124
销售电话：010—67004422　传真：010—87155801
http：//www.c-textilep.com
E-mail：faxing@c-textilep.com
中国纺织出版社天猫旗舰店
官方微博http://weibo.com/2119887771
天津千鹤文化传播有限公司印刷　各地新华书店经销
2015年4月第1版　　2024年2月第3次印刷
开本：889×1194　1/16　印张：9.5
字数：140千字　定价：49.80元

凡购本书，如有缺页、倒页、脱页，由本社图书营销中心调换

出版者的话

《国家中长期教育改革和发展规划纲要》中提出"全面提高高等教育质量","提高人才培养质量"。教高[2007]1号文件"关于实施高等学校本科教学质量与教学改革工程的意见"中,明确了"继续推进国家精品课程建设","积极推进网络教育资源开发和共享平台建设,建设面向全国高校的精品课程和立体化教材的数字化资源中心",对高等教育教材的质量和立体化模式都提出了更高、更具体的要求。

"着力培养信念执著、品德优良、知识丰富、本领过硬的高素质专业人才和拔尖创新人才",已成为当今本科教育的主题。教材建设作为教学的重要组成部分,如何适应新形势下我国教学改革要求,配合教育部"卓越工程师教育培养计划"的实施,满足应用型人才培养的需要,在人才培养中发挥作用,成为院校和出版人共同努力的目标。中国纺织服装教育协会协同中国纺织出版社,认真组织制订"十二五"部委级教材规划,组织专家对各院校上报的"十二五"规划教材选题进行认真评选,力求使教材出版与教学改革和课程建设发展相适应,充分体现教材的适用性、科学性、系统性和新颖性,使教材内容具有以下三个特点:

(1)围绕一个核心——育人目标。根据教育规律和课程设置特点,从提高学生分析问题、解决问题的能力入手,教材附有课程设置指导,并于章首介绍本章知识点、重点、难点及专业技能,增加相关学科的最新研究理论、研究热点或历史背景,章后附形式多样的思考题等,提高教材的可读性,增加学生学习兴趣和自学能力,提升学生科技素养和人文素养。

(3)突出一个环节——实践环节。教材出版突出应用性学科的特点,注重理论与生产实践的结合,有针对性地设置教材内容,增加实践、实验内容,并通过多媒体等形式,直观反映生产实践的最新成果。

(4)实现一个立体——开发立体化教材体系。充分利用现代教育技术手段,构建数字教育资源平台,开发教学课件、音像制品、素材库、试题库等多种立体化的配套教材,以直观的形式和丰富的表达充分展现教学内容。

教材出版是教育发展中的重要组成部分,为出版高质量的教材,出版社严格甄选作者,组织专家评审,并对出版全过程进行过程跟踪,及时了解教材编写进度、编写质量,力求做到作者权威、编辑专业、审读严格、精品出版。我们愿与院校一起,共同探讨、完善教材出版,不断推出精品教材,以适应我国高等教育的发展要求。

中国纺织出版社
教材出版中心

前言

服装发展至今日，迅速而充满生机，它与如同朝阳的儿童联系在一起，注定是一份责任和惊喜。

在我国的高等教育领域中服装专业起步较晚，但随着国民经济的快速发展和人民生活水平的不断提升，服装行业蒸蒸日上，特别是儿童服装，在中国传统思想和生活多元化的背景下，在政策调整迎来更多新生命的良好局势下，它势必将成为服装业的新蓝海。这对童装专业人士提出了更高的要求，同时也将是对童装专业教学效果和人才培养模式的检验。

本教材的编写，结合了童装行业对童装专业人士和新时代要求，在总结前人多年童装教育理念和教学经验的基础上，吸纳和借鉴了国际上有益的教学内容和方式，针对教学中出现的相关问题，对童装设计教学和相关知识进行理性的筹划和合理的整合，既注重对传统知识和基础理论的传承，又重视专业教学的多样性和可操作性，强调专业学科特色的挖掘和开发，也具有新知识和新观念的前瞻性。

教学的宗旨是培养学生的综合素质和专业技能。本教材的编排从童装专业基础理论展开，以服装美学知识为指导，以儿童各个时期的生理和心理特征为设计依据，突出儿童的实际需求，体现以儿童为本的人性关怀。本教材分为童装专业基础理论；童装设计要素理论和实践；童装综合设计理论和实践；童装特色设计理论和实践；童装拓展设计理论和实践五大部分。内容由浅入深，环环相扣，图例丰富，体现当代童装设计艺术新的教学内涵，强化教学的时代性、人文性和应用特色。为更好地服务于教学，有利于教材内容的学习和掌握，在各章有教学要求、小结和思考题，提供童装设计课程的参考性课时安排，力求形成系统完整的童装专业教材。

本教材由田琼主编，负责编写第一章、第二章、第七章、第八章，与童敏共同编写第九章，董怡负责编写第三章，刘丽丽负责编写第四章、第五章、第六章；王佳参与本教材资料的收集和整理工作；教材中学生作品分别来自：刘慧、谭远彬、李木贞子、张雨薇、纪洪健、韦欢芸、姚峰等；为更好地解读童装，教材中部分图片来源于安奈儿童装和三彩童装等相关童装企业和童装网站。

在编写本教材的过程中，受时间和能力的限制，加之科技、文化和艺术发展的日新月异，时尚潮流的演变，使得教材中所提及的专业信息难免有不足之处，恳请专家学者对本教材存在的不足和偏颇之处能够不吝赐教，我们将不胜感激！

本教材在编写和出版的过程中，得到各位领导、同仁和家人的帮助与支持，在此，由衷地表示感谢！

编者

2014 年 5 月 20 日

教学内容及课时安排

章/课时	课程性质/课时	节	课程内容
第一章 （6课时）			• 童装设计概述
		一	儿童和儿童服装
		二	童装设计及其要素
		三	童装设计的现状和发展趋势
第二章 （6课时）	童装专业基础理论 （22课时）		• 童装设计的思维方法和灵感来源
		一	思维的基本形式
		二	大自然的启示
		三	向大师学设计
第三章 （10课时）			• 童装设计的形式美
		一	形态元素在童装设计中的应用
		二	童装的形式美
第四章 （12课时）			• 童装款式设计
		一	童装款式的特点
		二	童装款式设计
第五章 （12课时）	童装设计要素 理论与实践 （36课时）		• 童装色彩设计
		一	童装色彩与儿童生理及心理的关系
		二	童装色彩设计的规律
		三	童装色彩设计的方法
第六章 （12课时）			• 童装面料设计
		一	童装的面料
		二	童装面料设计
第七章 （24课时）	童装综合设计 理论与实践 （24课时）		• 经典品种的童装设计
		一	儿童日常装设计
		二	针织童装设计
		三	休闲童装设计
		四	儿童家居服设计
		五	儿童校服设计
		六	儿童礼服设计
第八章 （8课时）	童装特色设计 理论与实践 （8课时）		• 绿色童装设计
		一	绿色童装概述
		二	绿色童装设计的途径
第九章 （12课时）	童装拓展设计 理论与实践 （12课时）		• 系列童装主题设计
		一	童装主题与系列设计
		二	系列童装主题设计的步骤

注　各院校可根据自身的教学特点和教学计划对课程时数进行调整。

目 录
CONTENTS

童装专业基础理论——

童装设计概述

课程名称： 童装设计概述

课程内容： 儿童和儿童服装
童装设计及其要素
童装设计的现状和发展趋势

课程学时： 6课时

教学要求： 1. 了解儿童成长各个阶段所具有的生理和心理特征。

2. 理解童装设计的概念及其发展历程。

3. 掌握童装的分类方式，进而熟悉各类童装的称谓。

4. 理解童装设计的发展方向。

第一章 童装设计概述

儿童是落入凡间的精灵，是每个家庭的宝贝，是每个民族和国家的希望。童装是服装重要的类别之一。童装设计需要充分了解儿童各个年龄阶段的生长变化和心理特征，是以儿童为本，以爱心为灵魂的设计。

第一节 儿童和儿童服装

儿童是相对特殊的群体，儿童各个年龄阶段的生长变化和心理特征是童装设计的重要依据。儿童与服装之间，服装既是他们的生活必需品，也是他们亲密的伙伴，是儿童在不同成长阶段中生理和心理诉求的外在体现。

一、儿童成长各阶段及特征

人从出生到16周岁之间属于儿童时期，是人一生中生长发育最快、体型变化最大的阶段。根据儿童生理和心理特征，将儿童划分为五个年龄阶段。

图1-1 婴儿期儿童

（一）婴儿期

儿童从出生到12个月末的这一年龄阶段为婴儿期。是儿童身体最娇弱而发育最快的时期。孩子出生时，一般体长为50～60cm，体重为3～4kg。体型特征为头大四肢短胖，肚子圆鼓，腿部向内侧呈弯曲状，头围与胸围接近，肩宽接近臀围的一半。出生后的2～3个月，身长可增加10cm，体重则成倍增长。到一周岁时，身长约增加1.5倍，体重约增加3倍。在此期间，婴儿的活动技能逐渐发达，能够通过五官和四肢表达一定的情感和意愿，对色彩和形态充满好奇。这一时期的婴儿大部分时间是在睡眠，发汗多，排泄次数多，皮肤细嫩，不能独立行走，完全不具备独立生活能力（图1-1）。

（二）幼儿期

儿童1～3岁的这一年龄阶段为幼儿期。从婴儿期发育到幼儿期，无论是生理还是心理的发育都非常明显，各方面的发育和发展也非常迅速。体型特征是头部大，身高约为头长的4～4.5倍，脖子短而粗，四肢短胖，肚子滚圆，身体前挺。男女幼儿基本没有太大的体型差别。此时儿童开始学走路、学说话，好动好奇，有一定的模仿能力，行为的控制能力较差，能简单认识事物，对于醒目的色彩和活动极为注意，游戏是他们的主要活动（图1-2）。这个时期也是心理发育的启蒙时期，因此，在服装上要适当加入男女倾向。此时期儿童的语言、思维和认人认物的能力增强，但识别危险的能力较差，故应注意防止意外伤害的发生。

图1-2　幼儿期儿童

（三）学龄前期

儿童从3岁到6~7岁这一年龄阶段为学龄前期，也称小童期。学龄前期儿童的体型依然显现出挺腰、凸肚、肩窄、四肢短和三围尺寸差距不大的特点。身体高度增长较快，围度增长较慢，身高约有5~6个头长。这个时期的儿童智力、体力发展都很快，能自如的跑跳，具备一定的语言表达能力，个性倾向逐渐凸显。此时期儿童身体发育较前期速度减慢，但求知欲强，可塑性也强，是培养良好习惯的重要时期，男孩和女孩在性格和爱好上有一定的差异（图1-3）。

图1-3　学龄前期儿童

（四）学龄期

学龄期指儿童从6~7岁到12岁这一年龄阶段，也称中童期。此时期的儿童生长速度减慢，体型变得匀称，凸肚体型逐渐消失，手脚增大，身高为头长的6~6.5倍，腰身显露，臂、腿变长。男女体型的差异日益明显，女孩子在这个时期开始出现胸围和腰围差，即腰围比胸围细。学龄期阶段是孩子运动能力和智力发展显著的时期，儿童逐渐脱离幼稚感，有一定的想象力和判断力，但尚未形成独立的观点（图1-4）。

儿童进入学龄期的重大变化是把以游戏为主的生活方式转变为以学习为主的生活方式，此阶段的儿童活泼好动，但有一定的约束力，对事物有审视美的能力，对服装穿着有自己的看法和要求。

（五）少年期

儿童从13～16岁这一年龄阶段为少年期，也称大童期。是儿童逐渐接近成人体型和思想转变的时期。此时期儿童体型变化很快，是又一个快速生长发育的阶段。少年期儿童身长约为7～8个头长，男孩、女孩的性别特征明显。女孩胸部和臀部开始变得丰满，盆骨增宽，四肢细长而富有弹性，腰围明显且较为纤细。男孩肩部变平变宽，臀部相对窄，手脚变大，身高和围度以及体重增加迅速，但和成人比较，体型在宽度和厚度上还较单薄。处于少年期的儿童，心理和生理发育变化显著，女孩的发育比男孩早，他们大多情绪不够稳定，易于冲动，喜欢模仿和追逐流行，善于表达和展示自我，是受外界影响较大的时期（图1-5）。

图1-4　学龄期儿童　　　　　　　　　　　　　　　　图1-5　少年期儿童

二、儿童服装

（一）童装的概念

童装指未成年人的服装，是婴儿、幼儿、学龄前儿童、学龄儿童和少年儿童着装的统称。童装包含衣服及其服饰配件，体现儿童——衣服——环境三者之间的组合关系，是未成年人着装后形成的一种状态（图1-6），具有实用性和美观性。

童装是现代服装主要的类别之一，然而童装设计的确立却是在18世纪末期。此前，儿童穿用主要以成人装为原型缩小尺寸的服装，其生理和心理特征在服装中没有充分地体现。19世纪末期，童装开始有别于成人装，设计体现了与儿童发育相适应的功能性。这个阶段，童装多是以手工制作为主，设计更多是从实用性考虑，如将童装做得偏大一些，以适应儿童快速地生长；将童装做得结实些，可以传给年龄小的儿童穿用。第一次世界大战之后，由于很多女性开始参加工作而无暇制作服装，童装才真正开始商业化生产和

图1-6　童装所展示出的状态美

销售。

　　随着人们生活水平和审美能力的不断提升，童装已不再是单单满足基本的实用需求。家长们苦苦寻觅有特色、有个性、高品质的童装，孩子们也不是随便什么衣服都愿意穿上身，美观大方同时兼有安全性和舒适性的童装受到青睐。而现实童装设计领域却不容乐观，面对庞大的童装市场，中国的童装设计水平较发达国家的童装设计水平有相当大的差距，童装设计不够人性化，成人化痕迹突出，甚至缺乏安全性。进行童装设计需要了解孩子的每一个成长阶段，根据他们生理和心理上的不同，在设计中注重童装的个性表达以及功能性和文化内涵，力求使童装能满足儿童的生理和心理需求。

（二）童装的分类

　　童装的种类繁多，基于童装的基本形态、品种、用途、制作方法、原材料的不同，各类童装也表现出不同的特点，变化万千，十分丰富。不同的分类方法，导致我们对童装的称谓也不同。目前，童装常见的分类方法有如下几种：

　　（1）根据儿童年龄分类的童装：婴儿服装、幼儿服装、小童服装、中童服装、大童服装。

　　（2）根据季节和气候特征分类的童装：春装、秋装、冬装、夏装。

　　（3）根据组合方式分类的童装：一件式童装、两件套童装、三件套童装、四件套童装等。

　　（4）按安全类别分类的童装：A类童装、B类童装和C类童装。

　　（5）按品种分类的童装：衬衫、外套、夹克、大衣、长裤、短裤、背带裤、背心、连衣裙、裙裤、半截裙、毛衣、防寒服、羽绒服等。

　　（6）按材料分类的童装：丝绸童装、棉布童装、毛皮童装、呢绒童装、化纤混纺童装、羽绒童装等。

　　（7）按用途分类的童装：儿童日常服装、儿童运动服装、儿童校服、儿童表演服装、儿童礼服等。

　　（8）按风格分类的童装：休闲风格童装、学院风格童装、民族风格童装、运动风格童装、甜美风格童装、前卫风格童装等。

第二节　童装设计及其要素

一、童装设计

　　童装设计包含了服装以及服饰配件的设计，它是在一定的空间和环境下，以儿童为审美对象，运用一定的思维形式、美学法则和设计程序，将设计构思以绘画形式表现出来，然后选择合适的材料和相应的制作工艺手段，使设计构思实物化，最终形成三维空间下的服装形态美。

　　童装设计是以儿童为载体传达出的艺术形式，因而童装设计要以儿童的生理和心理特征为基础，从儿童审美习惯出发，满足童装的实用性和美观性。另外，童装要有时代气息和时尚性，避免一味追逐流行和模仿成人服装，成为失去童趣的"小大人"装。

二、童装设计要素

　　款式、材料、色彩作为服装最基本的设计元素同样存在于童装中，与成人装比较，童装设计的三要素也表现出儿童服装设计的自我风格和特征。

（一）款式

　　款式是服装的骨架，它形成服装的长短宽窄、内部结构以及分割变化。童装的款式设计要以儿童各个时期的体型为基础，款式既要满足孩子身体的活动需要，也要体现儿童天真烂漫的特征。款式造型美和适度的空间感是童装款式设计的关键（图1-7）。

图1-7　童装的款式

（二）材料

　　儿童服装使用的材料丰富多样，包括面料与辅料，其中面料因使用量大，成为童装设计中必须考虑的要素之一。目前，机织面料和针织面料都广泛应用于童装。用于童装设计的面料从穿着要求上要满足柔软舒适，环保健康的需要；从造型要求上则应满足品种多样、质感丰富、功能齐全的需求（图1-8）。

图1-8　丰富多样的童装面料

（三）色彩

色彩在童装设计中有举足轻重的作用。不同时期儿童对于色彩的认知和喜爱，是童装色彩应用的基础，科学合理地搭配和运用色彩能促进孩子的心智发育和形成良好的性格，赋予儿童丰富的想象力和创造力。各个时期儿童服装的色彩有明显的倾向性，但多以明快鲜艳的色彩为主，衬托出儿童天性活泼可爱的一面（图1-9）。

图1-9　童装多运用鲜艳明快的色彩

第三节 童装设计的现状和发展趋势

中国是拥有众多儿童的国家，童装市场有巨大的发展空间。童装设计需要了解童装市场和童装消费的特征，明确童装发展的趋势，把握时代的脉搏，以行业高标准的要求去适应童装的快速发展。

一、童装设计的现状

（一）童装设计品牌和市场

我国是一个人口大国，国家统计局第六次人口普查显示，0～14岁的儿童为2.2亿，占总人口的16.6%，约占世界儿童人口的1/5。《2010～2015年中国童装市场竞争分析及投资前景预测报告》中提到，2010年新生儿出生数量进入高峰期，以后几年新生儿平均出生率保持在15%左右的比率增加，每年增加两三万新生儿童。2013年中国生育政策放宽，单独二胎的出台，势必会再次刷新数据。经济的崛起，带来生活水平的不断提升和形成多元的生活方式以及家长对孩子高度重视等因素，都为童装市场打开了一扇大门。

面对大好的前景，我们的童装市场却呈现出心有余而力不足的市场局面。国内童装品牌参差不齐，缺乏知名品牌，童装生产处于中低档；而国外的童装企业瞄准中国童装的诱人之处，纷纷大举进入中国，其中不乏国际知名品牌，成为中高端品牌的主力，影响并促进中国童装品牌的发展。2011年在欧洲拥有超过2000个销售店的法国著名童装艾可可（IKKS）正式进驻中国，在北京燕莎友谊商城开设了首家专柜；法国童装奢侈品牌小樱桃（Bonpoint）、意大利蒙娜丽莎（Monnalisa）、美国盖璞（Gap）、西班牙飒拉（Zara）、韩国品牌酷驰（Cozcoz）、肯凯茨（Cankids）等都先后进入中国市场并逐步形成自己完善的销售网络，其童装受到家长和孩子们的喜爱。

受国外品牌的刺激，中国童装企业渐渐苏醒。近两年我国童装发展快速，目前，中国童装企业的品牌意识和知识产权保护意识逐渐加强，进一步在扩大中国原创童装品牌的社会知名度和社会影响力。2013年中国服装协会主办的第三届"中国十大童装品牌"评选活动在北京举行，北京嘉曼服饰有限公司的童装品牌水孩儿和东莞市添翔服饰有限公司的童装品牌铅笔俱乐部等14个品牌获得"中国十大童装品牌"称号。评选活动为中国原创童装品牌的发展注入了新的原动力；扩大了中国原创童装品牌的社会知名度和市场影响力；加快了中国童装业品牌化进程，塑造行业典范；规范市场竞争秩序，避免品牌间的恶性竞争。同时让广大消费者对本土童装品牌有了更为清晰的认识，有了更为明确的选择标准。这些无疑是中国童装发展的动力，但是，我国童装企业也有不足：譬如婴幼儿装和少年装品牌不多；缺少专用童装面料；款式无新创意；假劣产品充斥市场等问题。

面对童装市场的喜或忧，我们不能坐以待毙，只有真正深入透彻地去理解细分市场内的需求以及购买的选择和偏好，才能塑造一种个性清晰、内涵充实的认知，才能更明确童装的设计定位。

（二）童装的消费行为特征

儿童作为童装的穿用者，是服装的需求者、表达者。因其不同年龄阶段之间存在着很大的差别，从呱呱坠地到长大成人，每一个阶段都反映出该年龄段显现的特征，家长在其成长过程中也表现出主宰、参与、建议等行为方式。儿童社会化开始的时间提早以及儿童在购买决策过程中参与程度的增加，都使童装的购买者、影响者、决策者、使用者在儿童处于不同年龄段时的角色参与和转换发生着变化。在婴儿期和幼儿期，儿童穿用的衣服基本都是由家长选购，家长主宰着这个年龄段儿童的穿着，穿什么？怎样穿？此年龄阶段的儿童对服装几乎没有要求，对童装的色彩和图案没有取向性，他们的懵懂和对生活常识的无知在参与购买服装的过程中没有主动性，给孩子挑选搭配童装是家长津津乐道而又充满挑战的活动。随着孩子年龄的增长，到学龄前期，孩子们对事物表现出明显的喜好和厌恶，北京"派克兰帝"品牌公司副总裁吕智勇先生说："现在的孩子，有着超出大人们想象之外的主见和强烈的爱美之心，孩子们已经在把自己的服装当作得到他人认可和赞赏的途径。"选择服装的时候，孩子们虽然缺乏对服装的深入认知和实际购买能力，但其态度常常左右大人的购买决策，这个年龄阶段的儿童主要扮演着服装使用者和影响者，家长扮演着决策者和购买者。而对于中大童的孩子来说，参与服装购买决策过程的比重随着年龄的增长而逐渐增加。由于受成人生活的影响和社会流行的冲击以及兴趣爱好的左右，家长的影响力逐渐减弱，部分孩子已开始独立支配服装费用，成为服装信息的收集者、影响者和倡导者。

当然，儿童、家长和童装的购买关系，一是依据家庭的经济状况；二是受穿用习惯以及艺术修养等方面的影响而不同。通常家庭收入较高，家长和孩子在选择童装时更倾向品牌的认知度和美誉度，讲究个性，追逐时尚潮流，品牌消费意识强烈，强调着装品位，注重生活品质，购买力也更强，大多在专卖店和购物中心购买；中等收入的家庭，一般选择大中型的商场购买，以综合性价比为前提，既要求具备服装的实用性也要求有时代感，这个阶层的购买选择性最大；低收入家庭在购买童装时注重服装的实用性和价格，不强调品牌，对质量要求不高，多在超市和批发市场购买。除此之外，喜欢穿着的父母，更乐意给孩子穿衣打扮，在此方面的消费也较高些；具备一定艺术修养的父母，给孩子买衣服会更加注重童装的个性和审美性，也影响着孩子对美的追求。

总而言之，童装设计不但要得到大人们的认同，也需要了解孩子们内心深处的需求。它不是单方面的购买行为，生产企业在产品的设计、生产中既要考虑家庭收入的多少，又要考虑家长和孩子对童装的认同度，这些是形成购买的因素。

二、童装设计的发展趋势

正如所有服装一样，童装的发展趋势必然是向着健康、舒适、时尚的形态，它体现在以下四个方面。

（一）时尚性

儿童服装也追求时尚。时尚具有独特的感性形式、审美功能和流行意义。时尚的流行传播是从发达国家到发展中国家再到不发达国家，从发达地区到不发达地区。如今的童装已不仅仅是满足实用需求，时尚的童装正受到越来越多的关注，流行不失典雅、时尚不失个性成为新动向。数字化时代的来临，使得获取时尚快捷方便，人们对时尚的敏感度也越来越强，时尚的儿童服装不仅是一种美的形式，同时也是一类代表某种新观念和新价值取向的符号，这对童装的时尚性设计提出了更高的要求。

（二）品牌性

对品牌而言，童装的设计、质量等要素固然重要，但更重要的是蕴含其中的文化。文化是企业的依托，企业只有塑造出独特的品牌文化，才能体现出与其他品牌的差异。2013年中国童装内销市场20亿件，目前看，国外品牌已占据半壁江山；而且在国内品牌中，70%国内品牌处于无品牌状态，分布在三、四线城市。如今，童装的价值早已经不再是单纯地注重劳动的付出、生产的原材料及生产力的叠加，市场越来越关注商品所包含的无形价值，那就是品牌文化，体现着鲜明的品牌性。童装向前发展，品牌的建设势在必行。

（三）绿色性

绿色是现代人对服装健康、卫生高要求的体现。它表现在：一是童装材料的选择上，要绿色健康，对儿童的身体不能产生伤害，对生产环境不能污染；二是从款式角度考虑将安全性、舒适性、美观性、功能性几个方面相结合。绿色童装设计传达出环保、安全、健康、舒适的穿衣理念。

（四）细分性

事物发展遵循着由简到繁的变化过程。童装设计的发展趋势也是如此。童装从过去"大人装"的缩小版到如今丰富多样的童装种类，体现出细分满足实际需求的重要性。在许多先进的国家和地区，细分商品琳琅满目，它不但体现出专业的高度，同时传递出人性化的关怀。当前童装设计已从年龄、个性、功能、价格等方面对设计提出细分要求，使童装产品结构呈现多元化而满足童装市场的各种需求。

本章小结

■ 儿童的成长经历五个阶段，它们为：婴儿期、幼儿期、学龄前期、学龄期和少年期。每个时期都表现出不同的体型特征和心理活动以及心智的发展状况，是童装设计的重要依据。

■ 童装指未成年人的服装，是婴儿、幼儿、学龄前儿童、学龄儿童和少年儿童的着装的统称。童装包含衣服及其服饰配件，体现儿童——衣服——环境三者之间的组合关系，是未成年人着装后形成的一种状态。它兼具实用性和美观性。

■ 童装设计是在一定的空间和环境下，以儿童为审美对象，运用一定的形式、美学法则和设计程序，将设计构思以绘画形式表现出来，然后选择合适的材料和相应的制作工艺手段，使设计构思实物化，最终形成三维空间下的服装形态美。

■ 童装设计的三要素是款式、材料、色彩。与成人装比较，童装设计的三要素也表现出儿童服装设计的个性风格和特征。

■ 童装的种类繁多，基于童装的基本形态、品种、用途、制作方法、原材料的不同，童装表现出不同的气质与特色。

■ 中国童装正面临着前所未有的机遇和挑战，国外童装品牌市场占有率高，国内品牌意识淡漠，忧喜参半的状况需要通过拥有专业知识背景和敏锐的市场洞察能力以及高度的责任心的企业来树立童装的品牌形象，提升中国童装的知名度和美誉度。

■ 童装朝着健康、舒适、时尚的形态进一步发展。它将在时尚性、品牌性、绿色性、细分性方面得以体现。

思考题

1．分析总结儿童五个时期的体型和心理特征，理解它们对童装设计的意义。

2．童装设计的要素有哪些？有何特点？

3．通过对某区域内童装品牌的调研，以一个童装品牌为例，试分析目前童装在品牌意识、产品结构、设计水平、价格以及质量等方面的状况，拟写一份调查报告。

4．查找相关资料，思考童装设计的发展趋势。

童装设计的思维方法和灵感来源

课程名称： 童装设计的思维方法和灵感来源

课程内容： 思维的基本形式

大自然的启示

向大师学设计

课程学时： 6课时

教学要求： 1. 认识思维活动在童装设计中的重要性。

2. 理解创新性思维的表现形式。

3. 学习、整理、分析童装设计中各种思维的运用方式和设计创意来源。

4. 分析比较童装设计的思维方法与成人装设计的思维方法的相同与不同之处。

第二章　童装设计的思维方法和灵感来源

　　思维，被恩格斯誉为"世间最美丽的花朵"。服装设计的核心是运用思维方式，以丰富的想象力和创造力去构思服装的内在美和形式美。

　　童装设计中的思维形式，不但是构建童装造型实物化的重要前提，同时对儿童的教育和发育也有着重要的作用。服装的美熏陶着孩子，天马行空的想象力和创作力，能让孩子的思维插上绚丽的翅膀。对于教育工作者和美的创造者，这是一份责任。

第一节　思维的基本形式

　　设计思维的意向性和形象性是把表象重新组织、安排，构成新形象的创造活动。表象的获得来自知识积累、生活环境以及经历等，当然你的观察和调研也很重要。法国艺术家罗丹说过："所谓大师，就是这样的人，他们用自己的眼睛看别人见过的东西，在别人司空见惯的东西上能发现出美来。"

　　思维过程中碰撞出的火花——灵感，会在任何地方产生。服装设计是艺术的创作，创作是需要灵感的，艺术家灵感的源泉是得益于他们强烈的创新欲望和独到的思维方式，使其作品中充满神奇的感染力和非凡的艺术性。在设计活动中，我们要打破的是固有的思维模式，从不同的角度和方式去思考，也就是说运用创造性的思维来解决设计中的问题。

　　创造性的思维主要由独立性思维和发散性思维构成。

一、独立性思维

　　在当今社会中，独立的具有个人风格的设计是设计师追求的最高境界。从古至今，许多的艺术作品因为其强烈的艺术魅力和独特的风格特色让人过目不忘。独立思维，正是形成这些特色重要的思维形式。

　　独立性思维方式要求设计者对固有的形式能够大胆而合理地怀疑，批判地接受前人的观点和想法，在潮流中，有自己的坚持，但这样的坚持并不是一味地对新事物的排斥，而是在流行的大潮中，既能表现出时代的特征和气息，同时又不失自我，方能被大众所接受。目前，许多的童装设计具有明显的成人化痕迹，这反映出设计者在设计中没有以儿童的生理和心理需求为前提，更没有从成人服饰设计的模式中走出来，而只是简单地挪用，完全失去童装的审美性和精神性，从思维的模式上讲就是没有体现出独立性思维方式。纵观国内外童装，我国的童装设计水平与国际水平有明显差距，这个差距不是行业技术差距，而是思想的差距，是思维创新能力的差距，所以要想在童装领域超越，必然要重视创新思维的培养和自我风格的建立（图2-1）。

图2-1　约翰·加里亚诺（John Galliano）童装造型中展示出来的品牌风格

二、发散性思维

发散性思维即是求异思维，是在思维过程中，充分发挥人的想象力，突破原有的模式，进行多角度、多方位的思考，探索多种解决方案或新途径的思维形式，找出更多更新可能的答案、设想或解决的方法。这样的思维往往能获得意想不到的结果，产生巨大的创造性能量。

发散性思维具有三个特征。

（一）流畅性

流畅性是发散性思维的第一层次，指的是思维活动阻滞较少，在短时间内能够表达较多的概念，列举较多的解决问题的方案，探索较多的可能性，反应迅速而众多。

（二）变通性

变通性是较高层次的发散性思维特征，即从不同的角度灵活考虑问题的本质，思考问题能举一反三，触类旁通，不易受思维定势的束缚，能提出不同风格的新观念。

（三）独特性

独特性是发散性思维的最高层次，也是求异的本质所在。表现为对事物有超乎寻常的独特见解，能用前所未有的新角度、新观点认识事物、反映事物，做出对常规的大胆突破。

逆向思维是发散性思维中的一种，是突破一般常规思维框架考虑问题的方式，有助于激发创造力。例如，服装设计中，把裤腰头的造型运用到上衣的领子造型中，又如针织女皇索利娅·里基尔（Sonia Rykiel）把服装的接缝及锁边从里层换位裸露于外。这样的思维方式有效地刺激观者的眼球，是对常规进行改变，没有改变就没有创新，正是这些不寻常的思维方式，推动服装向前发展。

第二节　大自然的启示

　　大自然是个神奇的魔术师，它鬼斧神工，千奇百态，赋予我们无数的遐想。儿童喜爱大自然，大自然的一切都深深地吸引着他们，所以，大自然中的各种动物、植物的造型、色彩，以及跟大自然有关的故事都可以作为童装设计的素材，从中激发设计灵感。

　　儿童生活在具体的物质世界之中，喜欢花鸟草虫鱼等自然界的动植物。在童装设计中，仿生造型设计，自然色的搭配，有明显肌理感的舒适面料运用，具有故事情节的卡通内容展示等，以各种形式在童装设计中被广泛采用（图2-2）。但是，如何在古老的素材中，寻求孩子们既感兴趣的服装造型元素，同时又能体现与其年龄匹配的审美需求和精神风貌，在实用与艺术之间求得协调与平衡，是我们在设计中将要思考和解决的问题。

图2-2　自然景观吸引着孩子的童心

一、仿生的思维方式

　　仿生的思维方式也可称为形象思维，指依靠客观具体形象为主要内容的思维方式。具有形象性、非逻辑性和粗略性。

　　童装设计中，仿生的运用是创造性地模拟自然界生态的一种造型手法，常常蕴藏着设计者的某种意念、理想和情趣。服装仿生，既可以模拟生物的某一部分，也可以模拟生物的整体形象，侧重于形、色、神、质的表现，通过特定的服装语言使之异质同化（图2-3）。如童装造型中的荷叶领、花瓣裙等。童装设计中仿生的运用与成人装仿生的运用不同之处在于，成人装在仿生造型上相对含蓄，对原型进行提炼，往往取其某一种元素进行模仿运用；儿童服装在运用仿生造型的时候，通常是采用比较直接的手法，造型感突出，与原型接近，外形可爱，甚至夸张其特点，或者将其拟人化，赋予它们感情色彩（图2-4）。

图2-3　童装摄影作品中的仿生造型

图2-4　以蝴蝶为灵感的成人装与童装设计比较

二、自然色彩的搭配运用

　　大自然的色彩和谐美丽，五颜六色、有深有浅、有艳有灰，这些色彩的搭配运用到服装中可以取得协调舒适的效果。许多动植物的颜色就如同一位色彩搭配高手，总是能让那么多的颜色和谐地组合在一起。学习从大自然各种和谐而美丽的色彩中搭配服装的色彩，可以取得事半功倍的效果，同时也能让孩子纯净的心灵与自然更加贴近，童装也不流于艳俗（图2-5）。

图2-5　自然环境色在童装设计中的运用

三、自然肌理的启迪

　　在这个斑斓的世界中，各种物体除有其独特的造型和美丽的色彩外，还有各种有表现力的肌理质感。日本著名的服装设计师三宅一生（lssey Miyake）以"一生褶"（Pleats Please）为主题推出系列服装而享誉全球，他受自然环境中的岩石、沙滩肌理的启发，以各种各样的材料创造出纹理效果，使服装具有独特的外观风貌，也使服装在穿着的功用性方面得以延伸，使人与衣服之间有了更深的情感关系。自然界中植物的叶、树皮，动物的毛皮，鸟类的羽毛，岩石的外层，土地等都有非常丰富的肌理，运用各种材料，对面料进行设计或再创造，在简单的款式中，衬托出服装面料的美感（图2-6）。

图2-6　表现自然环境肌理的童装设计

第三节　向大师学设计

　　成为服装设计大师是每位服装设计者的心愿，但并不是所有人都能成功。向大师学设计，与大师在作品中交流与学习，这是每个人都能实现的事情。

　　每个时代都有不同风格的世界服装大师，每个大师的作品风格又往往代表一个时代的风貌。所谓大师，是那些正在赋予时装意义的人，是为服装开拓新天地并使之成为一门独特艺术的人。他们努力进取，创造了绚丽多彩的现代服装历史；他们风格独特，引领国际时尚潮流，成为服装业的灵魂。

　　我们经常有这种情况，每每在电视或杂志书籍上看到某位大师的优秀作品，就如同茅塞顿开，眼前一亮，是呀，为什么曾经苦苦思索的问题，到大师那里就如此简单而又清晰地呈现在我们的面前？而这些设计的点睛之笔，似乎正引领着我们在艺术的殿堂里进行心与心的交流，那种惊喜和迸发出的火花正燃烧着我们心中的激情，创作的欲望如此的强烈！

　　近年来，许多的知名服装品牌都大举进军童装行业，每年的佛罗伦萨（Florence）童装周，都汇集大量顶尖时装品牌、时尚媒体和买手。童装品牌诸如菲利普·林童装（Phillip Lim Kids）、小埃拉·摩斯（Little Ella Moss）、约翰·加里亚诺（John Galliano）、小麦克·雅各布（Little Marc Jacobs）等。

　　向大师学设计，做课题之前要查阅大量的资料，了解自己喜欢的大师的成长过程和每个阶段的设计风格以及思想变化，然后以该大师的设计风格去确定自己的主题，锻炼自己的观察力、设计能力、感知能力和对目标品牌的把握能力，还可以了解大师的成长过程和文化背景。在他们的作品中，无论是造型、色彩、面料还是细节的处理，都具有各自的风格和独特的魅力，其过程能令我们开阔视野，丰富设计思路与技巧。

　　这样的思维练习，可以通过两个方面的途径进行：一是对大师的某件作品中的一些设计形式进行学习，在其风格和细节方面细细体味，然后加以变通，在保持设计亮点的基础上，加以变化。要注意的是，需要把大师作品让我们怦然心动的那一抹亮点延续到自我的设计中，而且要做到恰如其分，这需要我们长久地练习和保持心中情感的热度；另一种形式是对大师整体设计风格的深度了解并进行分析归纳，从众多作品中体会大师个人风格构成的独特元素，在准确保持其风格下，赋予其新意。

本章小结

■ 童装设计中的思维形式，是构建童装造型实物化的重要前提。设计思维的意向性和形象性是把表象重新组织、安排，构成新形象的创造活动。创造性的思维主要由独立性思维和发散性思维构成。独立性思维方式要求设计者对固有的形式能够大胆而合理地怀疑，批判地接受前人的观点和想法，在潮流中有自己的坚持。发散性思维即是求异思维，是在思维过程中，充分发挥人的想象力，突破原有的模式，进行多角度、多方位的思考，探索多种解决方案或新途径的思维形式。它具有三个特征：流畅性、变通性、独特性。

■ 仿生的思维方式也称为形象思维，指依靠客观具体形象为主要内容的思维方式，具有形象性、非逻辑性和粗略性。童装设计中的仿生运用是创造性地模拟自然界生态的一种造型手法，常常蕴藏着设计者的某种意念、理想和情趣。它既可以模拟生物的某一部分，也可以模拟生物的整体形象，侧重于形、色、神、质的表现，通过特定的服装语言使之异质同化。

■ 大自然的色彩和谐美丽，将这些色彩的搭配运用到服装中可以取得协调舒适的效果。

■ 向大师学设计，做课题之前要查阅大量的资料，了解大师的成长过程和每个阶段的设计风格和思想变化，以该大师的设计风格去确定自己的主题，锻炼自己的观察力、设计能力、感知能力和对目标品牌的把握能力。它可以通过两个方面思维练习的途径：一是对大师的某件作品中的一些设计形式进行学习，在其风格和细节方面细细体味，然后加以变通，在保持设计亮点的基础上，加以变化；另一种形式是对大师整体设计风格的深度了解并进行分析归纳，从众多作品中体会大师个人风格构成的独特元素，在准确保持其风格下，赋予其新意。

思考题

1．怎样理解"不同思维的方式决定不同的结果"这句话？

2．童装设计中的思维方式有哪些？创造性思维包含哪些思维活动？

3．以儿童的生理和心理特征为前提，如何在大自然中寻找创意？

4．试举例分析国际著名服装设计大师作品中的创造性思维的体现。

5．如何向服装设计大师学设计，试以童装设计中的优秀作品为原型，拓展设计一组系列童装，阐述设计思想。

童装设计的形式美

课程名称：童装设计的形式美

课程内容：形态元素在童装设计中的应用

童装的形式美

课程学时：10学时

教学要求：1. 掌握点、线、面在童装中的表现形式，能结合形式美法则，将点、线、面元素灵活运用于童装设计中。

2. 掌握形式美的基本法则，了解形式美在童装中表现的形式。

3. 通过实践能够结合形式美法则，将点、线、面元素灵活运用于童装设计中。

第三章　童装设计的形式美

第一节　形态元素在童装设计中的应用

点、线、面是造型设计中最基本的形态元素。在这里，它们不再仅仅是几何学上有形无意的度量代表，而是被艺术家赋予了丰富多彩的情绪和意义。掌握了点、线、面的体现形态和构成方式，也就掌握了服装设计的基本构成技巧。

一、点的表现方法及其应用

（一）点

1. 点的概念

点是所有构成形态的最小单位。从几何学来说，点没有厚度和长度。与几何学的点不同，造型设计中对点的定义更加宽泛，它可以是平面的，也可以是立体的，可以是虚的，也可以是实的。它有形状、有大小、有表情、有意义、有情绪。单个点的位置、大小，多个点的排列方向、排列形式、排列时的大小及数量的变化、空间的间隔都会产生不同视觉效果，带来不同的心理感受。

2. 点的数量

一个点可以使视线集中；两个点可以表达出方向；三个点可以引导视线的移动；多个点可以形成面。

3. 点的位置

处于不同位置的点会带来不同的视觉效果和随之而来的不同的心理感受。位于中心的单个点，与整个画面构成稳定而安全的空间关系；位于边缘的单个点，会改变画面整体的平衡感，使画面中心随着点的位置发生偏移（图3-1）。

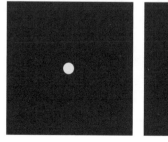

图3-1　点的位置

4. 点的排列

按一定规律排列的多个点，不仅可以引导视线的移动，构成线的错觉，而且还可以形成序列感和节奏感；随意排列的点会带给人杂乱无章的感觉；同一画面里大小不一样的多个点会带给人空间感，形成空间层次（图3-2）。

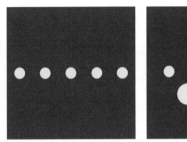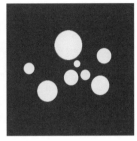

图3-2　点的排列

（二）点在童装中的应用

1. 点在童装中的表现形态

点是童装设计构成中最基本的元素，也是最活跃的元素。它可以独立存在，也可以依附于服装；它可以是一粒纽扣，也可以是小白兔图案上的眼睛；它可以是面料上的点状花纹，也可以是连衣帽上的一个绒球……只要这个物体或图形与周围图形或整体服装形成大的面积差异和对比，从某种角度来说，小的那个物体或图案就具备视觉上点的意义（图3-3）。

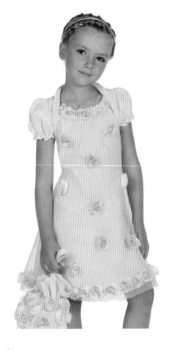

图3-3　童装中的点

2. 点在童装设计中的具体运用方式

在童装中，点的不同形态、不同大小，以及其所处位置的高低左右变化，数量的多少等都能导致服装整体上的视觉感受发生改变。以下是童装中点的主要运用方式：

（1）纽扣：作为重要的服装辅料之一，其不仅在和绳套及扣眼的组合中发挥着实用性的功能，而且因为其形态和大小与人们对点的认识非常的吻合，故将纽扣作为点在服装设计中的应用是极为常见的。

在童装中，因为考虑到儿童在扣系过程中的实际可操作性，发挥扣系作用的纽扣位置大都在标准的门襟处，纽扣数量一般较少，多采用与服装整体色彩差异较大的邻近色或对比色。如采用单粒扣，容易形成单点的聚焦功能。如采用多粒扣，则在服装正面形成连续的点状结构，在视觉上带给人类似"线"的感受。也有部分强调优雅、复古风格的童装在设计中刻意弱化功能性纽扣的视觉效果，通过与服装大身同色纽扣的使用，使之"消失"在整体服装中。

在现有的童装品牌中我们还可以看到，因为消费者对童装强调装饰性的需求，一些并不具有实际功能性的纽扣成为童装中重要的点状装饰元素，如假口袋上的纽扣、图案上的装饰扣等。这些"点"或集中或分散地存在于童装中，起到丰富服装的款式，强化服装结构的作用。

此外，相对成人服装而言，为增加童装的趣味性，童装中的纽扣也常常被赋予更加丰富的外观形象，如小熊、小兔、小花、小汽车等，从而使这些点在更为宽泛的定义下具有更加多样化的形态。

（2）工艺上的点：经过印染、刺绣、镂空等工艺形成的面料上的点都属于工艺表现的点。

这些象征儿童天真、可爱、活泼的点在童装面料中常常以星星、心、波点、花朵等造型出现，并因为其不同的工艺手法，呈现出平面到二维的丰富的视觉效果。工艺上的点在设计中一般以多个点的形式出现，如有规律的二方连续、四方连续、组合纹样或者无规律的散点等，并通过点的排列次序、疏密关系以及大小变化形成视觉上的韵律感和空间感。采用有规律排列的点，能在服装上形成有规律的节奏感，但也要尽量避免整体效果过于呆板。采用无规律的散点可以带给人灵动、活泼的感觉，但如处理不当，也让人觉得杂乱无章。

（3）饰品：作为设计元素之一的饰品，在强调装饰性、趣味性的童装整体造型中出现频率极高。

与衣身的面积比较而言，童装上的小花朵、蝴蝶结、钉珠、徽章等饰品都可以看作是童装上的点。这些点主要装饰在服装的前胸、下摆、袖口、裙摆、领口等处。由于这种类型的装饰多以立体造型为主，所以当孩子们嬉戏玩耍时，这些点的晃动和形态变化不仅充分彰显儿童的活泼可爱，也带来童装独特的趣味性。

二、线的表现方法及其应用

（一）线

1. 线的概念

线是点移动的轨迹。从几何学的角度看，线是只有方向和长度而没有粗细和厚度。但是现实和视觉形态设计中的线，不仅在长度、方向和位置三个方面有丰富的变化，还具有极强的塑造性和功能性。线可以是轮廓、边界、轨迹的展示，也可传递出情感，表达情绪。

2. 线的形式

（1）可视的、直观的线：指现实生活中看得见或摸得着的客观存在的线，如棉线、金属线、公路线、光束线等。

（2）不可视的、抽象的线：指凭感官和意念所赋予其形态的线，如物体的外轮廓、建筑的投影线等。

3. 线的种类

（1）直线：给人以简洁、硬挺、通直和规整的感觉。

各种直线带来不同方向的、清晰的延伸感。水平线引起视线的左右水平位移，带给人横向的延伸感以及平静、宽广、安稳的感觉；垂直线引起视线的上下位移，带给人纵向的延伸感以及挺拔、上升、权威的感觉；斜线具有不稳定、倾倒、分离、变化、不安定感。

（2）曲线：给人跳跃、柔和、圆滑、有张力的动感。

在一定条件下产生的几何曲线具有规律的节奏感，自由曲线的形成没有规律所寻，因而带有极强的随意性，具有明显的个性特征。

4. 线的代表意义和变化

线是一种灵动、活跃、具有极强表现力的元素，不同形态的线会带给人不同的感受，因而有时候人们也赋予不同线条不同的代表意义，如人们习惯性地将硬朗的直线作为男性风格的标识之一，而用曼妙的曲线代表更加柔美和婉约的女性。而另一方面，线相对点和面而言，有更多变化的可能性，而不同的变化加之不同的组合可以带来更丰富的构成和组合形态，如粗线比细线更醒目、更突出，粗线和细线的组合能构成空间感；线与线的垂直叠加比线与线的成角叠加更容易带来心理上的稳定感；曲线和直线的不同排列组合可以构成规律的或混乱的关系变化等。

（二）线在童装设计中的运用

童装中的线具有极其丰富的表现形式和功能，它构建出服装的外轮廓，分割服装内部的结构，装饰服装的外观，组建出服装的内外款式形态，以下是童装中线的主要表现形式。

1. 外轮廓线

服装的外轮廓线指服装最外沿的点连接而形成的线，它们由一段段的领围线、袖窿弧线、侧缝线、下摆线、脚口线等共同构建成类似剪影一样的服装外轮廓，继而这些轮廓借助服装面料的特性和着装者的自身形体发生贴合或更改的关系变化，最终代表出不同的性别象征，表达不同的设计风格。

在女童服装中，A型和X型是出现频率最高的廓型，多用于表现小女孩活泼、娇俏和可爱；在男童服装中，H型的出现频率较高。

2. 结构线

结构线是服装中极为重要的线条，它属于二维平面，包括省道线、公主线、肩线、袖窿弧线、分割线、褶裥等，它们依据人体的起伏将平面的面料分割并重新连接成多个面，将服装由一维平面转化成三维立体形态。在儿童服装中，结构线除可以满足儿童的身体曲面的变化外，在某些时候也充当着美化服装的重要作用。

3. 装饰线

装饰线在童装中的应用十分广泛。例如，面料图案上的装饰线；利用视错觉改变服装的整体比例，拉长或加宽服装的某个部位的线，如男童服装中的肩线、女童服装的裙摆等；通过镶边、嵌条、刺绣等工艺手法，用不同色彩、不同材质、不同宽度强化其分割作用的线，使被分割后的服装呈现块面的大小比例变化，最终形成节奏感，如异色拉链、高腰线部位的异色嵌条等；带有装饰性的活动线，不论是具有功能性的男童服装腰上的棉绳，还是纯粹为美化服装而出现的女童服装中的缎带，以及项链、腰链等，它们随着人体的运动而发生位置和形态的变化，和儿童的活泼、可爱相映成趣，产生不确定的美感和动感；此外，在儿童服装的褶裥运用中，规律或不规律的线条组也能表现出丰富多彩的节奏变化，且因其形成的上下明暗对比效果，继而进一步强化服装的体积感，使服装更加富有空间层次感（图3-4）。

图3-4　童装中的线

三、面的表现方法及其应用

（一）面

1. 面的概念

点的扩大或聚集，线的膨胀和围合都可以形成面。面的形象无限丰富，其特征是内部的充实感和具有一定的面积。

2. 面的形态

面分为平面和曲面。其构成方式大致可以分为三种：一是几何形，诸如圆形、方形、三角形等可以借助工具形成有规律的形态；二是自由线形构成的有机形态；三是以偶然的方法（如泼溅、撕裂等）形成的偶发形态。

（1）平面：指仅仅具有位置、长度和宽度的面。

① 规则的平面：是由圆形、方形、三角形等规则的几何图形所组成。圆形带给人的视觉效果完整，且具有亲和力和膨胀感；方形具有稳固、坚定、成熟和不易改变的特征，所以一般用于表现厚重、有力等概念；三角形中突出的角给人紧张及不安定的感觉，具有突破感和视觉冲击力，而三角形中的等腰、等边三角形则具有稳固、坚定的感觉。这些规则的面具有数理性的简洁、明快、冷静和秩序感。在建筑、服装设

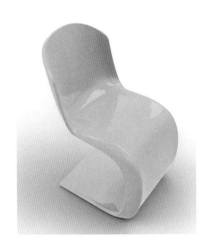

计等各方面都有广泛应用。

②不规则的平面：是人为创造出来的自由构成形或不可用几何方法得到的形态。它可随意地运用自由线形构成自由形态，具有灵动、多变、混乱等丰富的表情和复杂的情绪（图3-5）。

（2）曲面：通过线条的运动构成的有三维外观的面，分为规则曲面和不规则曲面。规则曲面包括柱面、锥面、球面、卵形面等。不规则曲面指各种自由形式的曲面（图3-6）。

图3-5　平面的不同形态

图3-6　曲面

（二）面在童装设计中的运用

如果暂时忽略服装的物质美，那么服装对人们而言，更多的指人着装后的整体状态。人体有起伏变化、有体积，所以我们谈到的服装上的面，不是绝对意义上的平面，而是相对而言的平面，或者说是绝对意义上的曲面。

1. 外造型的"面"

面是以面料为载体的服装的主体，也是最强烈和最具量感的要素。如果说前面我们提到的线构成服装廓型的剪影式的外部平面框架，那么面就是服装外部框架的三维的、立体的表现形态，它的变化对童装的款式变化起着决定性的作用。

曲面在童装中通常具备两种作用：一是满足儿童的身体体积需要，如省道两侧的面，衣身侧缝两侧的面，领面和底领形成的不同的两个面等；二是基于美感、流行、习俗、调整身体比例等原因，在一定程度上改变服装某部分的形态和体积。如在女童的服装中，锥形的曲面常常被运用于裙身的设计，以增加裙身的立体感和空间感。而球形曲面也常常出现在古典风格女童服装的袖设计中。此外，在一些强调童趣的拟物化的服装中，对曲面的运用相对普通成衣更为夸张。

一般来说，童装中曲面的造型依靠结构设计、工艺设计以及面料特性完成，其中面料的特性是关系到曲面最终效果的最为关键的因素，通常质地柔软的面料不利于面的塑造，而质地相对硬挺的面料更适合面的造型（图3-7）。

2. 内造型的"面"

（1）图案形成的面：装饰图案的面积一旦在整体服装中达到一定的比例，就形成面。因此，我们常常把在儿童服装中应用的大面积的人物、动物、卡通、花卉等装饰图案认定为面。

图3-7　童装中的面

　　（2）拼接的面：将不同色彩、不同面积或不同面料的块面进行拼接，是童装中主要的设计手法之一，它们共同组装出服装内部形态，形成丰富多彩的节奏感。

　　（3）搭配的面：儿童着装后，由于其上下、内外服饰搭配、组合方式不同，也能在服装整体上形成不同的视觉效果，组合成不同的面。

　　（4）功能性的面：这些面大都是为满足服装某个局部的特殊功能而产生的，如立体口袋、膝盖和手肘部位的省道和褶裥处理等，这些面在整体服装外观上相对含蓄，只会因为光影而有所显现。但如需要特别强调童装的装饰感，这些面也可通过缉线、嵌条、异色拼接以及异色线条划分等工艺手法强化。

第二节　童装的形式美

　　在现实生活中，美没有固定的模式，但是单从形式方面来看待某一事物或某一视觉形象时，人们对于它是美还是丑的判断，还是存在着一种基本相通的共识。早在古希腊时期，亚里士多德就提出美的主要形式是秩序、匀称与明确，一个美的事物，它的各部分应有一定的安排，而且它的体积也应有一定的大小。毕达哥拉斯学派认为美是和谐的比例，而王朝闻在他《美学概论》中指出："通常我们所说的形式美，指自然事物的一些属性，如色彩、线条、声音等在一种和规律联系时如整齐一律、均衡对称、多样统一等所呈现出来的那些可能引起美感的审美特征。"

　　形式美普遍存在于人类自身、自然界和人工产品（包括艺术）之中，人们人为地将这些美加以分析、提炼及总结，并通过艺术活动加以实践利用，使之贯穿于绘画、雕塑、音乐、舞蹈、戏曲、建筑等众多艺术形式之中，遍布于我们生活的每个角落。这些人们用于创造美的形式，被称为形式美法则，包括对称、均衡、节奏、比例、强调、夸张、对比、统一、调和等内容。服装作为兼顾实用性和审美性的一种人工产品离不开形式美法则，特别是在对儿童审美认知能力有极大影响作用的儿童服装中，形式美法则就更为重要。

一、对称与均衡

对称和均衡是形式美中一对强调稳定和平衡关系的法则，对称是静态的稳定，而均衡是相对动态的稳定。

（一）对称

对称指图形或物体的对称轴两侧或中心的四周在大小、形状和排列组合上具有一一对应的关系。对称在结构形式上工整，具有严谨、庄重、安定的特点。

按构成形式来分，对称可分为左右对称、上下对称、斜角对称、反转对称等。按对称的程度来分，可分为完全对称和局部对称（图3-8）。

图3-8 童装中的完全对称和局部对称

由于完全对称的形式带给人强烈的庄重感和稳定感，与儿童天真活泼的特点大相径庭，因而在童装中完全对称的形式比较少见。局部对称在童装设计中的运用较多，其既稳定又富于变化的形态符合大多数人喜爱稳中有变的心态。在很多童装中我们可以看到局部对称的设计，这些设计一般在大面积上采取对称的构成形式，然后通过图案、饰品、LOGO等打破它的绝对对称形态，从而弱化它过于稳重、成熟的感觉。

（二）均衡

均衡指图形中轴线两侧或中心点的四周的形状、大小等虽不能重合，而以变换位置、调整空间、改变面积、改变色彩等求得视觉上、心理上量感的平衡。相对对称而言，均衡除稳定外，也兼具活泼、生动、富有动感的特点。因此，从某个角度来说，均衡比对称更加符合儿童的心理特征。

从仅仅满足服装功能需求的基本条件来看，一件服装的基础原型是左右对称，稳定而平衡的，所以就服装而言，所谓的均衡是建立在破坏对称和平衡的基础上，是对视觉、质量或心理上完全平衡的形和物的解构，然后在不平衡基础上建立起新的平衡点。

在具体运用方式上，我们可以通过多种方式改变服装原有的对称形态。例如，通过改变服装某个部位款式的长短、宽窄、面积的大小；通过改变服装色彩的色相、明度、纯度、面积、冷暖（图3-9）；通过装饰工艺的简洁和繁复的变化；通过服装面料的厚薄、软硬程度，面料图案的差异性；通过饰品的颜色、位置、大小、形态等。但需要注意的是，这种构成关系上的不对称是基于变化产生的美感，如果这种不对称完全脱离了美这个关键词，脱离了人的心理量感上的平衡，脱离了人基本的身体对称结构，那么这种不对称就不会带来均衡感，反而会带来丑的、混乱的、失衡的、不实用的效果。

图3-9　童装中的均衡

二、节奏

节奏本是音乐的术语，指音乐中音与音之间的高低以及间隔长短在连续奏鸣下反映出的感受，通过重复、渐变等方法可形成节奏。在设计构成中，节奏指某一形态或颜色以一定方式有规律地反复出现，如布局的疏密、图案的大小、颜色的浓淡等。

在童装上，节奏的体现形式是多样的，服装上的每个元素都可以形成节奏。节奏使得整个服装层次分明，富有韵律感，其中主要的方式有：

（1）在款式上服装局部设计的重复，多层次分割等，如蛋糕裙的层叠设计。

（2）整体色彩上的单色重复、多色重复，色相、明度、纯度的颜色渐变等。

（3）自身具有节奏感图案的面料的使用，以及不同质感、图案、颜色的面料的反复使用。

（4）工艺上相同的或不同的手法的反复使用，有规律的褶裥处理、多条异色明线的设计等。

（5）饰品的反复、规律性出现，如扣子、缎带、珠饰、蝴蝶结、花朵、铆钉等（图3-10）。

图3-10 童装中的节奏

三、比例

比例是构成任何艺术品的尺度，指设计中不同大小部位之间的相互配比关系。不恰当的比例带给人失衡、不安定的感觉，而恰当的比例则带来平衡、协调的美感。

在童装设计中，比例是决定服装款式中各部分相互关系的重要因素，包括整体与局部、局部与局部之间关系，涉及面料、颜色、款式、着装方式、饰品选用等服装的各个方面，例如，服装分割部分的长短比例，上衣和与之搭配裙子的长度比例，显露于外的内搭服装面积与外搭服装的面积比例，领子和衣身的大小比例……甚至扣子的大小选择都是和比例相关的问题（图3-11）。

图3-11 童装中的比例

服装不仅是艺术品，还是具备实用性的商品，它以人体为表现载体，因此在童装设计过程中必须遵循儿童身体的基本比例。在满足其功能性的基础之上，可以通过放大、缩小比例等手法，来突出和强调服装的特点，强化其风格。这里需要特别指出的是，并非所有的比例美都能像黄金比例一样给出一个标准的数值或公式，对比例美的判断需要长时间的学习和训练。

四、强调

强调以相对集中地突出某个部分为主要目的，它能打破平静、沉闷的气氛，是鲜明、生动、活泼、醒目的点睛之术。

在童装设计中，合理的强调服装中的某个元素或部位，可以改变整个设计上四平八稳、平分秋色的布局，突出设计重点，使之成为人们的视觉焦点。

服装中的任意一个元素、任意一个位置都可以成为被强调的主体，如色彩的强调、结构的强调、装饰的强调等。在运用强调这一美学法则时，需在突出重点的同时，要注意服装整体的和谐统一，避免强调部分和服装整体的完全脱节和分离（图3-12）。

图3-12　童装中的强调

五、夸张

为达到某种表达效果，对事物的形象、特征、作用、程度等方面有意扩大或缩小的方法叫夸张。在服装设计中，借用夸张这一表现手法，可以取得服装造型的某些特殊的效果，强化其视觉冲击力，带来新鲜感和乐趣。

夸张法则在童装中的运用较多，如在肩、领、袖、下摆等处经常出现的造型的夸张，利用装饰物如蝴蝶结、花朵、徽章等进行夸张，模拟动物效果的服装整体的夸张等（图3-13）。

图3-13 童装中的夸张

在运用夸张法则时，一定要拿捏好夸张的度，把握好服装整体的造型重点，重点突出、特点突出的同时达到服装整体的统一、平衡。

六、对比、统一与调和

对比和统一是形式美中一对在概念上完全矛盾，在应用中又相辅相成的法则。没有统一的对比充满冲突感，让人烦躁不安、无法平静，没有对比的统一是平淡无趣让人觉得乏味，而对比和统一之间需要调和作为媒介使之有共存的可能。

（一）对比

对比指两种事物对置时形成的一种直观效果，它是对差异性的强调，是利用多种因素的互比来达到美的体验。对比能增加视觉刺激度，带给人冲突、尖锐、不安的感觉（图3-14、图3-15）。

对比有强对比和弱对比之分。强对比突出对比事物在视觉上和心理上的差异性，使冲突变得更加强烈；弱对比弱化对比事物在视觉上和心理上的差异性，使冲突变得柔和。

对比是童装设计中的活跃因子，主要体现在以下方面：

（1）款式对比：服装款式的长短、松紧、曲直、动静、凸凹等对比。

（2）色彩对比：在服装色彩的配置中，利用色彩的色相、明度、纯度，色彩的形态、面积、位置、空间处理等形成对比关系。

（3）面料对比：服装面料质感的对比，如粗犷与细腻、硬挺与柔软、沉稳与飘逸、平展与褶皱等。

（4）饰品与服装的对比：点缀服装的饰品，不仅与服装形成对比，同时使童装充满变化，富于

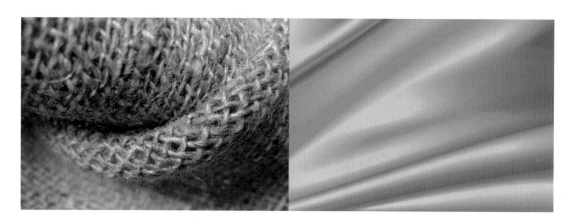

图3-14 面料的对比

图3-15 色彩的对比

个性。

（二）统一

统一指由性质相同或类似的形态要素并置在一起，造成一种一致的或具有一致趋势的感觉的组合。它是对近似性的强调，强调一种无特例、无变化的整体感，它能满足人们对同一性的心理需求，带来安全感的同时，也容易显得单调和呆板。

（三）调和

调和是产生于对比和统一之间的一个动词，对比产生差异，调和意味着差异的变化，变化趋向于一致的结果就是统一。调和使相互对立因素的冲突性减弱，使之以一种相对和谐的方式形成一个整体。

在童装设计中，对比和统一是一个永恒的主题。儿童生理和心理特性决定在童装设计中我们既要追求款式、色彩、面料的变化，又要防止各因素杂乱无章的堆积在一起；追求对比带来的趣味、刺激，又要尽可能在矛盾中寻找有秩序的美感和相对平和的、统一的心理感受。

在具体的运用中，通过对童装中对立元素的大小、长短、面积、松紧、色彩、质感等元素的调整，采用呼应、穿插、融合、渐变等手法都可以达到调和的作用，最终达到服装整体效果的统一（图3-16）。

服装是多种元素组合而成的一个综合体。如果说点、线、面构成服装的款式框架，并与色彩、面料一起构建出服装的整体实质性形态，那么形式美法则就是如何将款式、色彩、面料三要素合理组合在一起的方式和途径。要设计出一件兼具实用性和美感的童装，几者缺一不可。在设计过程中，我们只有在遵循儿童生理及心理特征的基础上，充分利用不同元素的不同特性，依照形式美法则，合理调控其颜色、质感、大小、位置等因素，达到美的形式与实用的内容高度的统一与结合，才能设计出既满足儿童的生理和心理需要，又具有童趣风格和美感的服装。

图3-16　童装中调和手法下的对比和统一

本章小结

■　点、线、面是造型设计中最基本的形态元素，掌握了点、线、面的体现形态和构成方式，也就掌握了服装设计的基本构成技巧。

■　点是所有构成形态的最小单位。在童装中，纽扣、饰品以及印染、刺绣、镂空等工艺都可以形成服装中的点。点的不同形态、不同大小，以及其所处位置的高低左右变化，数量的多少等都能导致服装整体上的视觉感受发生改变。设计中要充分运用点的聚焦作用，同时也要避免其喧宾夺主。

■　线是点移动的轨迹。服装中的线构建出服装的外轮廓，分割服装内部的结构，装饰服装的外观，组建出服装的内外款式形态，要合理地运用长短不同、形态不同、色彩不同、材质不同、工艺手法不同、功能不同的各种类型的线条，使之遵循一定的儿童生理特点和美学法则共处于服装整体中。

■　点的扩大或聚集，线的膨胀和围合都可以形成面。服装中有图案的面、外造型的面、分割的面和组合而成的面等。由于面在构成中占的面积比重较大，所以面的形态对设计的整体效果往往起着主导的作用，因而在童装设计中合理处理面的大小、形态、色彩、肌理、位置等就显得十分重要。

■　对称和均衡是形式美中一对强调稳定和平衡关系的法则，对称是静态的稳定，而均衡是相对动态的稳定。均衡意义上的不对称是基于变化产生的美感，如果这种不对称完全脱离美这个关键词，脱离人的心理量感上的平衡，脱离人基本的身体对称结构，那么这种不对称就会带来丑的、混乱的、失衡的、不实用的效果。

■ 在设计构成中，节奏指某一形态或颜色以一定方式有规律地反复出现。在童装中，服装局部设计的重复、分割，颜色上的渐变，工艺手法的反复出现都可以表现出节奏。节奏使得整个服装层次分明，富有韵律感。

■ 比例指设计中不同大小部位之间的相互配比关系。在童装设计中，比例是决定服装款式中各部分相互关系的重要因素，包括整体与局部、局部与局部之间关系，涉及面料、颜色、款式、着装方式、饰品选用等服装的各个方面。不恰当的比例带给人失衡、不安定的感觉，而恰当的比例则带来平衡、协调的美感。

■ 合理的强调服装中的某个元素或部位，可以改变整个设计上四平八稳、平分秋色的布局，突出设计重点，使之成为人们的视觉焦点。服装中的任意一个元素、任意一个位置都可以成为被强调的主体，需在突出重点的同时，注意服装整体的和谐统一，避免强调部分和服装整体的完全脱节和分离。

■ 在服装设计中，借用夸张这一表现手法，可以取得服装造型的某些特殊的效果，强化其视觉冲击力，带来新鲜感和乐趣。在运用夸张法则时，一定要拿捏好夸张的度。

■ 对比和统一是形式美中一对在概念上完全矛盾，在应用中又相辅相成的法则。没有统一的对比充满冲突感，让人烦躁不安无法平静，没有对比的统一是平淡无趣让人觉得乏味的，而对比和统一之间需要调和作为媒介使之有共存的可能。

■ 在设计过程中，我们只有在遵循儿童生理及心理特征的基础上，充分利用不同元素的不同特性，依照形式美法则，合理调控其颜色、质感、大小、位置等因素，达到美的形式与实用的内容高度的统一与结合，才能设计出既满足儿童的生理和心理需要，又具有童趣风格和美感的服装。

思考题

1．点、线、面元素在童装中还有哪些运用方式？

2．任意选取品牌童装中的产品图例10幅，从点、线、面关系以及形式美的构成法则对其进行分析，谈出利弊。

3．以3~5种形式美的构成法则为基础，设计与之相应的童装款式。

童装款式设计

课程名称：童装款式设计

课程内容：童装款式的特点

童装款式设计

课程学时：12课时

课程要求：1. 了解童装廓型变化的规律、廓型类别及风格特征。

2. 理解童装分割线的作用，掌握童装衣领、袖、门襟、口袋、腰头等细部的设计方法。

3. 根据廓型能够将细部设计的方法灵活运用于童装设计中。

第四章　童装款式设计

服装的款式是服装整体美感的重要载体，面料及制作工艺都应符合童装款式的造型要求。因儿童在生理及心理上具有较大的特殊性，童装款式的设计也较为复杂。

第一节　童装款式的特点

点、线、面是服装款式造型设计的基本要素，也是童装的款式造型元素。点、线、面造型元素依据服装设计形式美的法则和规律进行排列组合，能演绎出丰富多彩的童装款式。但童装款式的变化并非像成人装那样较为自由，其主要原因在于各年龄阶段的儿童体型特征不同，这是制约童装款式变化的首要因素。童装的款式首先要满足儿童的生理需求，并将安全性融入到设计之中，体现服装的功能性和实用性，进而实现流行性、时尚性以及个性化的追求。

一、婴儿装款式特点

婴儿大部分时间是处于睡眠中，生活完全不能自理，对大部分事物没有自主意识。这一时期的童装特别注重舒适性、安全性和实用性，款式尽量简洁、平整、光滑。宽松的廓型有利于保护儿童稚嫩的皮肤和柔软的骨骼；上下连体式设计能很好地减少接缝，使服装更加平整光滑；儿童头大颈短（图4-1），适宜采用无领或交叉领等领窝较低的领型，以方便儿童颈部活动；不适宜采用套头的款式，以免造成穿脱不便，开门襟或斜襟的设计比较适宜，且服装连接件可采用襻带、纽结等形式，避免粗硬的纽扣、拉链等划伤儿童稚嫩的肌肤。总之，婴儿装的款式变化较受局限，可在色彩及图案等方面创新（图4-2）。

图4-1　头大颈短是婴儿典型的体型
特征

二、幼儿装款式特点

幼儿装适合1~3岁的幼儿穿着。这一时期的儿童成长迅速，体型变化较快，所以款式设计的要点不仅在于其舒适性和安全性，也更加注重实用性、装饰性。除了丰富的色彩和图案外，还可以根据设计风格加入花边、嵌条、镶边、刺绣、拼接等工艺元素。仿生设计也很常见，多以可爱的动物或植物造型为灵感，大多体现在帽饰、手套等服饰配件或衣领、口袋等细部设计上，以强化童装的趣味性和活泼感（图4-3）。

图4-2 婴儿装极具趣味性的图案设计

图4-3 阿玛尼少年（Armani Junior）幼儿装设计

三、小童装款式特点

小童装适合4~6岁的儿童穿着。这一时期的儿童一般能够自行穿脱衣物，开始具有一定的自我意识和审美意识。此时期童装款式变化最为丰富，性别差异开始显现，装饰感极为突出。如采用蝴蝶结、卡通公仔或其他仿生立体造型来体现儿童天真和富于幻想的特质，花边、缎带、珠贝、刺绣、贴布绣等装饰元素在女童装中最为常见（图4-4）；男童装的造型较为简洁，设计要点多体现在色彩和图案的形式美上（图4-5）。小童装的款式造型变化自由度相对较大，其显著的特点是加入了成人装的流行元素，如廓型、色彩及细部设计、单品组合方式等，使得童装独立形成一种成人化的设计风格（图4-6）。

小童装的品种主要有T恤、针织衫、连衣裙、卫衣、运动服、外套等，且多以上下装分开和内外搭配的套装组合形式出现。

图4-4 突出装饰感的女童装

图4-5 突出色彩和图案的男童装

图4-6 成人风格的时尚童装

四、中童装款式特点

中童装指7～12岁的儿童着装。他们正处在学龄期，从生理上讲，这一时期的男女体型差异日益明显，女孩开始出现胸腰差（图4-7）；从心理上讲，他们逐渐脱离幼稚感，具有一定的判断力和想象力，对服装款式及风格有了自己的判断和偏好，但尚未形成个性。所以，这一时期儿童的心理及年龄特点对童装款式造型的影响较大。因他们主要生活在校园里，所以款式造型要适宜他们学习及体育运动的需要，宽松、舒适、随意的运动休闲风格和朝气蓬勃以及充满智慧感的学院风格都比较适宜（图4-8），而烦琐的装饰、复杂的结构和穿脱方式都会给学习和生活带来不便。

中童装一般采用上下装的组合形式，如上衣、罩衫、背心、裙子、长裤等的搭配组合最为常见。

图4-7 女童体型开始出现性别特征

图4-8 宽松、舒适、随意的运动休闲风格最适合学龄期儿童

五、大童装款式特点

大童装指适合13~16岁的少年穿着的服装。这一时期他们在生理上和心理上都开始接近成年人，拥有较强的个性和自己独特的服装审美，对服装的要求也趋于流行性和个性。所以，这一时期服装款式变化极为丰富和灵活，基本接近成人装，可根据服装的设计风格和流行元素做自由变化（图4-9）。

图4-9 流行性和个性是大童装最显著的特点

第二节　童装款式设计

现代服装形态虽然千姿百态，但都是在基本形态的基础上通过外轮廓线和内部分割线的变化及组合而形成。服装的外轮廓造型指服装造型所表现出的立体外观形状特征，它是服装形态中的第一视觉要素，因此外轮廓造型能给人们深刻的印象，在童装的整体设计中，外轮廓造型设计处于首要的地位。

一、童装廓型设计

服装的廓型是服装的外轮廓剪影，是服装造型的根本，服装的廓型设计首先在视觉上决定了服装的整体造型风格和视觉印象。服装廓型的变化受到社会政治、经济、文化因素的影响，它反映了社会的变革过程，同时也包含了特定时间内的审美倾向和时代感。

（一）童装廓型变化的因素

无论服装的廓型如何变化，始终都离不开人体支撑服装的三个基准线，即肩线、腰线、臀线，它是创造不同童装廓型的三大要素。

1. 肩线

肩是支撑服装的主要部位，服装的肩部造型可以是平肩、耸肩、坦肩、溜肩、宽肩等，虽然变化幅度有限，但是对构成服装廓型却影响较大。配合腰线及臀线的变化可形成多种廓型外观。

2. 腰线

腰线形态的变化是创造服装廓型的关键，表现在三个方面：一是腰部的松紧程度。腰部从宽松到束紧的变化可以直接影响到服装造型从H型向X型的改变。宽松的腰部造型突出轻松、简洁明快和自由奔放的特点，适用于童装中休闲风格的H廓型；束腰强调腰部的曲线感，适用于童装中少女风格的X廓型，给人轻柔可爱和窈窕的感觉。二是腰线的高低变化可直接改变服装的分割比例关系，形成高、中、低腰，腰线的高低变化，表达出迥异的着装情趣。女童装中的高腰、中腰及低腰设计各具特色，使童装形成丰富的形态和多变的风格。如小童装中为避免显露儿童外凸的腹部，可采用高腰或低腰的设计，再配合抽褶等工艺手法，既掩饰了体型，又增加了女童的可爱气质。三是腰线的断连形式。断腰线的造型丰富，变化多样，可塑造不同廓型的童装外观，无腰线的连腰式设计简洁流畅，多适用于婴儿装。

3. 臀线

臀部的围度制约着衣摆的大小，底摆线的长短是以臀围线为基准向下延长或向上缩短。臀线概括衣摆大小和底摆线的长短，是组成童装外造型的重要因素。臀线的变化随潮流和款式的变化而变化，或敞衣摆、束衣摆，或直线形、弧线形、几何形等，各式各样的衣摆大大丰富了服装的外观。

肩线、腰线、臀线等不同形态相互结合，使童装的廓型呈现出丰富的外观，并且在基本造型的基础上进行变化还可以衍生出更多新奇独特的廓型。因此，肩线、腰线及臀线的变化及组合方式能影响童装廓型的变化（图4-10），应予足够的重视。

（二）童装廓型的分类

服装廓型的变化来自于肩线、腰线和臀线不同形态的组合，这些不同形态的组合使服装呈现出长、

图4-10　肩线、腰围线、臀围线变化与服装廓型的关系

短、松、紧、曲、直、软、硬等造型的变化，它在一定程度上反映了穿着者的个性及着装风格，这一点在成人装中表现得尤为明显。童装的廓型与成人装相比，其最大的特点是廓型变化首先服从于儿童的生理特点、服装的安全性及实用性，其次才是造型美的需要。童装廓型的分类方法很多，常见的有字母型、几何形和物象型三大类。

1. 字母型

以字母命名服装廓型是法国服装设计大师迪奥先生提出的。变化万千的童装廓型大致可归纳出五种基本型：A型、O型、H型、S型、X型。在基本型的基础上稍作变化、修饰又可产生出多种的变化造型来。由于童装对于服装的运动性能要求非常高，儿童活泼好动，在运动的过程中会产生不同的人体姿态。因此，童装的廓型设计要考虑服装与儿童形体之间的内空间，A型、O型、H型的廓型是比较常用的。

（1）A型：在基本型的基础上，收缩肩线，放宽底摆线，腰部宽松自然，视觉上呈现出上小下大的梯形状，具有活泼、可爱、造型生动、流动感强、富于活力的风格特点，是童装中常用的造型。这种廓型很适合儿童肩窄腹凸的体型特征，具有活泼洒脱的美感和掩饰腹部、腰部、臀部缺陷的作用。童装中的斗篷形披风、大衣外套、喇叭式连衣裙和连衣波浪裙等都是上半身贴体而下摆外张的A型。A型幼儿装设计中重视形体的造型，如女童的罩衫、连衣裙、连身裤、小外套等，多在前胸部有育克分割及褶裥等设计，使衣服从胸部以A型向下展开，展开的松量自然地覆盖凸出的腹部，利用服装上下部分的比例关系及视错来延长腿部，美化人体比例（图4-11）。

（2）O型：外轮廓线呈椭圆形，这种廓型的特征是上下小，中间大，肩部、腰部以及下摆处没有明显的棱角，特别是腰部线条松弛，不收腰，整个造型比较饱满、圆润。O型轻柔含蓄、活泼可爱，体积感强，是一种非常有趣味的样式，常用于外衣类设计。O型的线条具有休闲、舒适、随意的风格特点，童装中的外套、半截裙和连衣裙等都可以应用O型圆润的外观式样，婴儿及4~6岁儿童的服装多采用这种廓型（图4-12）。

（3）H型：肩线、腰围线、底摆线的宽度基本相同，整体呈现长方形轮廓。H型服装具有修长、简约、宽松、舒适的特点，非常适合童装造型。它不仅体现出简洁、庄重、朴实的美感，而且还可以掩盖儿童腰粗、腹凸等体型缺陷。因此，H型在童装中应用广泛，如直身外套、筒形大衣、直筒裤、低腰连衣裙、直筒背心裙等（图4-13）。

图4-11　A型具有活泼可爱的风格特征

图4-12　O型具有体积感和趣味性

图4-13　H型具有简约利落的美感

（4）S型：服装外轮廓线保持紧身贴体状，呈现出合体的曲线效果，给人典雅、秀丽的美感。多用于一些接近理想体型的少女，可以充分展示其窈窕多姿的女性味道。这类廓型的服装结构线设计依据人体而定，且放松量较小，具有很强的塑形性。儿童处在身体发育的高峰期，紧身的服装会压迫儿童的身体，影响儿童生长发育，并束缚其运动。因此合体性、舒适性和便于运动依旧是童装首先考虑的。此类廓型的童装在面料上尽可能选择弹性面料，腰部以无腰围线结构为佳（图4-14），采用省、褶、裥等塑造服装局部曲线。由于底摆线的宽度较窄，为便于儿童行走，多采取侧面开衩的设计。

图4-14　S型适合表现成熟风格的女童装

（5）X型：其造型特点是根据人的体型塑造加宽的肩部、收紧的腰部以及放大的底摆。外轮廓自然起伏，勾勒出少女优美的体型曲线。X型造型式样，其腰部收缩和衣摆放大的方式极为灵活，具有柔和、优美、女人味浓等风格特点。品种主要有小外套、大衣、风衣、连衣裙等。着装古典优雅、韵味独特（图4-15）。

图4-15　柔和、优美的X型

  童装设计是一个千变万化的复杂过程，其外观形态也是千差万别。在字母型的廓型分类中，除了常见的这五种形态之外，还有V型、Y型等。总之，每一种造型都有其各自的风格特征，设计师应根据童装的风格及适用年龄适当地选一种形态或几种形态进行搭配组合，如H型与A型搭配、H型与O型搭配等，使童装外观呈现出活泼多样的特征（图4-16）。

图4-16 系列童装设计的廓型变化

2. 几何形

  当把服装的外轮廓全部简化为线条时，服装的廓型基本上由直线和曲线组合而成，任何童装的造型皆是由单个或多个几何形、几何体排列组合而成。如三角形、方形、圆形、梯形等属于平面几何形，而长方体、锥体、球形等属于立体几何形。在服装的造型过程中，我们可以单独选取某一个形体或者多个形体进行立体组合，从而衍生出无穷尽的廓型变化（图4-17）。

  依据我们前面所讲述的字母型的廓型特点，几何形的廓型分类也可与字母型的廓型分类相对应，如三角形、梯形、锥形等与A型类似，基本上是从A型基础演变而来；O型与圆形、球形类似，H型与方形、矩形、长方体等类似；X型则是由两个相对的梯形组合而成。

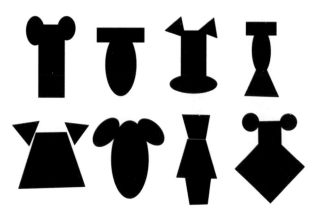

图4-17 不同几何体相互组合而成的新廓型

3. 物象型

大千世界的万事万物皆有其独特的形态，利用剪影的手法把它们的外形变成平面的形式，再用线条概括成简洁的形态，经过提炼和组合，就形成新的廓型。如郁金香的外轮廓，在礼服类廓型中就极为常见，还有酒杯型、纺锤型、塔型、喇叭型等，但因童装造型受制于儿童生理及安全性的要求，这些过于表现造型和形体特征的廓型就显示出一定的局限性（图4-18）。

服装廓型是体现服装流行的重要因素，它不仅体现着时代的风貌，也是构成童装风格的重要组成部分，是表达儿童人体美的重要手段。但是，无论廓型如何变化，童装美的前提首先是童装的功能性和实用性，以尊重不同年龄阶段儿童的体型特征和满足其生长发育的需求。儿童的体型随着年龄的增长处在不断变化之中，身体各个部位的尺寸在各个年龄段发生明显的变化。因

图4-18　注重表现童趣的物象形造型设计

此，童装的款式设计要考虑服装是否足够宽松、适体，是否便于儿童的活动。在童装整体造型设计方面，可以多考虑H型和A型，既宽松舒适又能体现出儿童活泼可爱的特点。如宽松有弹性的针织上衣、宽腿裤、上紧下松的A型裙、背心式的罩衫、斗篷型披风等都是童装设计中的理想款式。

二、童装分割线设计

在某种程度上，服装外造型的形成需要依附于服装的分割线设计。分割是根据服装款式的造型需求，并依据服装设计的形式美法则，把服装分解成若干衣片，再将这些衣片进行拼缝，由拼缝所产生的线条就是分割线。分割线的设计以适体、美观为出发点，变化较为丰富，也是体现服装设计的技术性与艺术美的关键。

童装分割线的类别可以从不同角度进行划分。根据分割线的形态可分为横向分割、纵向分割、斜向分割和弧线分割；根据分割线的线型可分为直线分割、曲线分割及螺旋线分割；根据分割线在童装中的位置可分为领围线、肩线、育克线、腰线、公主线、袖窿线及侧缝线等；根据分割线在童装设计中的作用可分为功能性分割线、装饰性分割线及功能装饰分割线。因前三种分类方式中不同形式的分割线可以涵盖在功能性分割线和装饰性分割线的研究范围内，由此，以下针对功能性分割线、装饰性分割线及功能装饰分割线进行解读。

（一）功能性分割线

功能性分割线一般设置在人体凹凸明显处，使服装造型更符合儿童的人体三围曲线，并能巧妙地将省量转移至分割线内，使外造型简洁、实用，是塑造服装合体造型的手段。功能性分割线可以单独使用，也可以配合省、褶、裥等综合利用。省在童装设计中，功能性远大于装饰性；褶是在静态时收拢，在人体运动时张开，它比省更富有变化和动感。裥的设计主要以装饰为主，在女童装中比较常用。

功能性分割线的设计形式虽然多样化，但其位置和分割的比例则必须考虑不同年龄儿童的体型特征。例如，不同年龄层的女童个体身高差异较大，可以采用竖向的内分割设计使矮小女童的身高显高；做A型的蓬

蓬裙时，上装的公主线设计会显得更加精致与合体，下装的褶裥也会更富有变化和动感，具有较强的装饰作用，凸显女童的娇柔可爱（图4-19）。男童腰节一般较低，可采用横向分割线，适当提高腰围线分割设计来调节男童上下体长的比例关系。

（二）装饰性分割线

装饰性分割线的设计完全是出于设计形式美感的需要，附加在服装表面仅起到装饰美化的作用，它的形态和位置可以多种多样，变化丰富，并对服装整体的形态不产生任何影响。为了突出装饰性分割线的分割效果，一般多加缉明线装饰或装以嵌条、花边等，不仅丰富观者的视觉层次，也增强服装的牢固程度（图4-20）。

图4-19　功能性分割塑造服装的适体性　　　　图4-20　装饰性分割突出设计感和工艺

（三）功能装饰分割线

功能性分割线和装饰性分割线的结合，形成了功能装饰分割线。这种分割线的设计较为巧妙，其同时符合童装的功能性和装饰性的双重需求，将童装的结构线设计巧妙的隐含在富有美感的装饰线中，其相对于前两种单纯的线条设计更为复杂。因此，集功能性与装饰性于一体的功能装饰分割线是分割线的实用美学和装饰美学的和谐统一，是体现童装设计师设计能力的关键之一。

三、童装细部设计

在童装的整体造型中，如果说廓型设计是视觉的第一印象，那么局部的细节设计则是设计的点睛之笔，是让人们的视线长久停留并关注的点，因此，童装的细部设计才是形成设计美感的关键。

（一）领部设计

领型的设计是童装造型设计中至关重要的部位。因为颈是肩和头的连接部位，直接关系着服装的肩、胸造型，同时衣领离人的头部最近，映衬着人的脸部，影响着颈项、脸部的视错觉效应及着装的整体感觉，因视角关系，最容易成为人们的视觉中心，给人以深刻的印象。

童装领型的设计与成人装领型设计相比，除外形美观之外，领型的造型要着重考虑到儿童的生理特点和体型特征，领型的实用性和功能性居于首位。根据童装领型的结构特征，大体可分为无领、连身领、装领和组合领。

1. 无领

无领是一种没有领座和领面的领型，其领口线即是领型线。因儿童的头部较大，脖子相对较短，肩比较窄，所以无领在童装领型设计中极为普遍。它轻便、简洁、随意，能显示出儿童单纯、天真的性格特征。

无领结构的表现要点在于领口线的造型、装饰手法及工艺处理等方面。儿童脖颈较短，所以无领设计在服装领口与人体肩颈的结合上要求很高，领口线太高或太紧会给儿童造成束缚感，且在紧急情况下易对儿童呼吸造成一定的影响，领口线太低或太松又容易暴露前胸。因此，无领结构设计的关键在于领口线高低松紧的尺寸的把握。

因无领只能对领口线进行装饰和美化，所以领口线的形状是无领造型变化的重点。领口线紧贴颈部的设计，简单而庄重，形成最基本的圆形领；领口线沿颈部做造型变化，则可形成V形领、方领、U形领、一字领等。

圆形领是最基本的无领领型，沿着原型领窝线做变动裁剪而形成的与人体颈部自然贴服的一种领型，具有圆润、顺畅的造型特征。其柔美的风格特征，特别适合甜美、娇柔风格的女童装设计。包边、镶滚、飞边等工艺及装饰手法是形成设计的亮点（图4-21）。圆领常用于童装的背心、外套、连衣裙、罩衫、内衣等品种中，在各个年龄段的童装中都较为普遍。

V形领的外观形态呈现字母V造型。因V领呈尖角造型，且有延伸视线的作用，多与性感、成熟的服装风格相匹配，所以，此领型多用于表现成熟风格的中童装及大童装（图4-22）。

图4-21 圆形领

图4-22 V形领

方形领是在V领的基础上发展变化而来，在童装罩衫、背心裙、外套等品种中较为常见。方形领是在衣服前胸领口呈长方形的形态，其方正的线条易给人造成呆板的印象，因此，在童装设计中，一般可将直角做成圆角造型，且领口线辅以辑明线、包边、飞边等装饰工艺，以增加童装的活泼感。方形领领口的大小、长短可以随意调节，领口可根据需要做深浅变化，但横开领不宜过宽，要保证前后领与身体较为贴合（图4-23）。方形领一般不适合婴儿装和幼儿装。

船形领因领型颇似小船的外形而得名。其造型特征是在肩颈处高翘，前胸处较为平顺且中心点较高，因此，船形领给人横向延伸的视觉印象，雅致而洒脱，多用于儿童针织衫、小外套、连衣裙、罩衫等（图4-24）。船形领的装饰手法一般是将缝制工艺和结构结合起来，具有实用性强的特点，领圈线可用绳带固定，既起到装饰作用，又可以根据需要对领口进行调节，方便而实用。

一字领与船形领类似，是把船形领的前领线提高，横开领进一步加大，外观就形成"一"字形。这种领型具有较为成熟的外观特征，给人柔和妩媚、雅致含蓄的印象，一般适合年龄较大的女童，且多用在针织衫、T恤、连衣裙等品种中（图4-25）。

图4-23　方形领和圆形领

图4-24　船形领

图4-25　一字领

2. 连身领

连身领指从衣身上延伸出来的领子，从外观上看形似装领，但实际上却没有衣领与衣身的连接线，其实质是将衣身加长至领部，然后通过收省、捏褶等工艺手法制作出与领部结构相符合的领型。由于低龄儿童的颈部较短，因此，此领型适合年龄较大的青少年，一般在外套、夹克或休闲运动风格的服装中较为常见。连身领的造型变化范围较小，工艺结构具有一定的局限性，所以，在造型时需要通过加省或褶等工艺才能使领子与颈部服帖。过于柔软的面料或过于硬挺的面料都不适宜用于连身领，过于柔软的面料不易造型，过于硬挺的面料容易使颈部感觉不舒适（图4-26）。

3. 装领

装领包括立领、翻领、坦领、翻驳领、组合领等。

（1）立领：指只有底领没有翻领的一类领型。为穿脱方便，立领一般从正面开口，但为使服装整体造型更优雅，也可侧开和后开。立领的外边缘形状变化丰富，有直线形、弧线形、褶皱形、波浪形、层叠形等。设计师可根据风格需要选择适合的边缘形状，如简约风格可选择直线形，甜美、淑女风格则可选择波浪形、褶皱形或层叠形。另外边缘形状还可以根据设计需要进行装饰，如嵌条、滚边或飞边等，使服装风格更明晰。从结构上来讲，立领是依照人体颈部和胸部特征而设计，所以对适体度要求较高，立领会对儿童颈部产生一定的束缚感，限制儿童脖子的自由活动，因此不太适宜低龄儿童，为了保障服装的安全性，除造型的强制需要外，立领的领围尺寸应大于儿童的颈围。立领一般适宜大童装中的中式风格装、学生装、针织外套、运动服、夹克等品种（图4-27）。

图4-26 连身领

图4-27 立领

（2）翻领：是在立领的基础上，加入向外翻转的领面而形成的一种领型，具有圆顺、丰满、活泼、大方的风格特征。根据服装风格的不同，可分为有底领和无底领两种形式。翻领的设计较为灵活，翻领的宽度、领外口线的造型以及领角的大小都可以根据设计需要加以变化，形式多样，例如，翻领可辅以镂空、刺绣、嵌条、抽褶、花边、滚边等装饰工艺来强化服装风格。翻领还可以与帽子相连，形成连帽领，在休闲运动风格童装中广泛应用。翻领设计的结构处理要特别注意翻折线的形状和位置，其对整个领造型起着决定性的作用。另外，前衣身的领口位置要抬高，以确保造型符合人体。翻领在男女童装中均适合，涉及各个年龄层次的儿童衬衣、夹克、连衣裙、小外套、风衣、大衣及休闲风格的童装中（图4-28）。

图4-28 翻领设计

（3）坦领：指只有翻领而没有底领的一类领型。翻领部分宽而平整，服帖在肩部或前胸，给人以坦荡、舒展的印象。坦领设计变化的中心在于翻领的宽窄及领口线的形状，为了在装领时使领子服帖以顺应与衣身的缝合线，坦领一般从后中线处裁成两片，装领时两领片从后中线连接叫单片坦领，在后中处断开称为双片坦领。另外，也可以不裁成两片，但需要在结构上进行处理，如要在领圈部位进行收省或捏褶处理才能保证领片的服帖。坦领造型变化空间很大，设计师可根据服装整体风格进行自由变化，除翻领的宽窄及领外口线的造型变化之外，设计师还可以加入边饰、蝴蝶结、丝带等，也可将翻领处理成双层甚至多层来增加领子的层次感和体积感。坦领又称娃娃领，因其造型平坦，适合儿童颈部较短的特点，因此，广泛应用在童装的衬衫、连衣裙、罩衫、制服等品种中（图4-29）。

图4-29 坦领具有圆润可爱的特征

（4）翻驳领：是翻折领的一种，翻驳领多了一个与衣片连接在一起的驳头，比通常意义上的翻领又有特别之处，所以，在服装设计中通常把翻驳领单独作为一种领型。翻驳领的形状由翻领、翻折线和驳头三部分决定，驳头长短、宽窄、方向都可以变化，例如，驳头向上为戗驳领，向下则为平驳领；驳头变宽，服装风格倾向于休闲感，驳头变窄，服装则更具职业性和正式感。此外，驳头与翻领接口的位置、驳领止口线的位置等对领型也会有较大的影响，小驳领则优雅秀气，大驳领则较为粗犷。在童装中，翻驳领一般用于男童的西装和表演服装，另外，在一些成人化的设计风格中也有采用这种领型（图4-30）。

图4-30　翻驳领设计

4. 组合领

组合领指有两个或两个以上的领型相互穿插设计，从而构成风格独特的新领型。这种领型有着新奇的外观和独特的设计感，是营造童装设计的创意感和个性的有效手段。这种领型没有固定的形态，设计手法自由，变化形式多样，往往成为设计的中心，视觉的焦点（图4-31）。

图4-31 组合领设计使童装呈现出丰富的造型变化

（二）门襟设计

门襟在款式造型中既是实用部件，起到方便服装穿脱的作用，又是装饰部件，属于服装造型中的分割线设计，因此，它的布局和造型对服装的整体风格具有较大的影响。

童装中门襟的设计往往和领型设计一同考虑，因领与门襟相连，它能引导观者的视线流动，是体现服装均衡感的重要因素。其设计要点主要是门襟的位置和开启方式。门襟的位置除最基本的衣身正中的前开襟外，还有半开襟、侧开襟、偏开襟、后开襟、横开襟及无襟等形式，开启方式分为纽扣、扣襻扣系、拉链闭合及系带打结等形式。设计时将这些元素结合起来运用，往往在服装造型中起到画龙点睛的作用（图4-32）。

图4-32　门襟与领的关系

（三）袖设计

袖是服装设计中非常重要的部件。人的上肢是人体活动最为频繁、活动幅度最大的部分，它通过肩、肘、腕等部位的活动带动上身各部位的动作发生变化。袖窿处特别是肩部和腋下是连接袖子和衣身最重要的部分，如果设计不合理，就会妨碍人体运动，尤其是儿童本身就爱活动，因此，童装设计中袖的设计就显得尤为重要。它不仅在结构设计上要符合人体运动的规律，有较好的适体性，在外观形态上也要保持优美的造型，并与服装的整体风格相协调。

袖设计根据设计的部位不同可分为袖山设计、袖身设计及袖口设计三部分。

1. 袖山设计

袖山设计是从衣身与袖子的结构关系上进行的设计。根据袖子的造型及与衣身的连接方式，童装的袖子一般分为装袖、连袖和插肩袖。

人体上肢是由肩关节、肘关节、腕关节相连而形成手臂上举、弯曲及伸张等活动。因此，装袖的造型及结构设计必须符合人体手臂的形态和动态特征。装袖是袖子设计中应用最广泛、最为规范化的袖子。装袖是将衣片与袖片分别裁剪，然后按照袖窿与袖山的对应点缝合，袖山位置在肩端点附近上下移动，分为合体袖和非合体袖。合体袖有一片式平装袖以及两片式圆装袖两种形式，外观造型严谨而端庄，多用于较为正式的童装。如学生装、成人装风格的大衣、外套等（图4-33），非合体袖是在合体袖的基础上分割、加放松量等形式产生的新袖子造型，如加大袖山容量并通过抽褶工艺而形成泡泡袖、羊腿袖、灯笼袖，这类袖型具有甜美可爱及女性化的味道，在女童装的袖型设计中极为常见（图4-34）。

图4-33　合体袖

图4-34　泡泡袖

　　连袖是最早的袖形，是从衣身上直接延伸下来的没有经过单独裁剪的袖形。与装袖相比，其显著特征是肩袖线条流畅、雅致而柔美，穿着宽松舒适、随意洒脱、易于活动，且工艺简单。连袖按其结构特征可分为平连袖和斜连袖两种。由于连袖具有造型简洁、宽松自然的外观和便于活动的实用功能，因此，多用于运动休闲风格的童装设计，如儿童的外套、针织服装、练功服、起居服、睡衣、运动服等（图4-35）。

图4-35　连袖适合较为宽松的童装款式

插肩袖指衣身的前后衣片与袖子连成一个整体的袖型，袖子的袖山延伸到领口线或肩线，按插肩线的形状可分为斜插肩、横插肩、半插肩三种形式。一般把延长至领口线的叫作全插肩袖，把延长至肩线的叫作半插肩袖。此外，根据服装的风格特点和设计目的不同，还可将插肩袖分为一片袖和两片袖。插肩袖具有造型大方、简洁，线条流畅，穿着随意、舒适的风格特征，多用于童装的大衣、夹克、风衣、卫衣以及运动休闲风格的童装中（图4-36）。

图4-36　插肩袖多用于运动休闲风格的童装设计中

2. 袖身设计

袖子根据袖身肥瘦可分为紧身袖、合体袖以及膨体袖（图4-37）。

紧身袖指袖身形状紧贴手臂的一类袖型。这类袖型需与手臂的造型保持一致，在运动过程中能衬托手臂优美的曲线和柔和的动态，多用于女童的健美服、舞蹈服、练功服的设计，或用于儿童的针织内衣、毛衫、针织衫等品种中。紧身袖需用弹性面料，如针织面料、尼龙或加莱卡的面料才能达到造型效果。紧身

图4-37　造型多变的袖身设计

袖一般采取一片袖的形式，造型简洁，工艺简单。

合体袖指袖身形状与人的手臂形状自然贴合，外观较为圆润的一种袖型。合体袖的袖身肥瘦适中，迎合手臂自然前倾的状态，既便于手臂的活动需要，又不显得烦琐拖沓。合体袖一般为两片袖，由大、小两个袖片缝合而成，也可在袖肘部位进行收褶、拼接或用其他工艺处理来达到合体的立体造型。合体袖是经典的袖形，具有含蓄、雅致的风格特征，在童装设计中，一般用于外套、大衣、风衣和学校制服等品种。

膨体袖指袖身膨大宽松、较为夸张的袖子。膨体袖的袖身远离手臂，对手臂的运动不产生任何的影响，舒适自然、便于活动。膨体袖可以在袖山、袖身及袖口等不同部位膨起，如袖山膨起形成羊腿袖、泡泡袖，袖身及袖口膨起形成灯笼袖。膨体袖宜采用柔软、悬垂性好、易于塑型的面料。膨体袖广泛应用于儿童的衬衫、连衣裙、睡裙、睡衣等品种。膨体袖造型较为突出，具有很强的舞台表现力，因此，在演出服中也极为常见。

3. 袖口设计

袖口设计是袖子设计中不容忽视的一部分。袖口虽小，但是手的活动最为频繁，所以举手之间，袖子都会牵动人的视线，引人注目。功能袖口的松紧、形状对袖子甚至服装整体造型以及穿着的实用性和舒适性都有着极其重要的影响。如学生制服的袖口设计既不能太紧，以便于穿脱，又不能过于松散而影响活动；舞蹈服的袖口也不能收的过紧，以便于配合舞蹈动作时袖子的自由摆动；袖口还具有保暖功能，对于秋冬季的大衣、羽绒服一般使用收紧式袖口。

根据袖口的宽度可分为收紧式袖口和开放式袖口两大类。

（1）收紧式袖口：在袖口处收紧的袖型。这类袖口一般需要使用纽扣、襻带、袖开衩或松紧带将袖口收小，具有利落和保暖的特点。一般应用于儿童的衬衫、罩衫、T恤、夹克、羽绒服以及秋冬季的服装（图4-38）。

（2）开放式袖口：袖口呈松散状态自然散开，手臂可以自由出入，具有洒脱灵活的特点。此类袖口广泛应用于儿童外套、风衣、西装等，很多袖口还经常被设计成敞开的喇叭状（图4-39）。

图4-38 收紧式袖口多用于秋冬和便于活动的童装　　　　图4-39 喇叭造型的袖口设计

　　无论是收紧式袖口还是开放式袖口，都可以根据位置形态变化分为外翻式袖口、克夫袖口和装饰袖口等。

　　以上为常见的袖子分类方式，另外，还可以根据袖子的长短分为长袖、七分袖、中袖、短袖及无袖；或者从结构裁剪方式上分为一片袖、两片袖、三片袖等。童装的种类繁多，造型变化极其丰富，不同的风格及品种对袖子的造型要求不尽相同，设计师应根据情况进行灵活设计，不同的袖山、袖身、袖口的造型配合袖长的变化可以演绎出多种多样的袖子。虽然，不同的服装风格及流行趋势对袖设计也有不同的要求，但对于常规设计来讲，一般衣身合体的服装较多使用装袖，而衣身肥大宽松的款式则较多使用插肩袖或连袖（图4-40）。

图4-40　系列童装设计中应注意袖子的变化

（四）口袋设计

　　虽然口袋是服装中较小的零部件，但是在童装设计中，口袋的设计却非常重要。口袋在童装中不但具有实用功能，而且还具有极强的装饰功能，对整体服装造型具有很好的点缀作用。口袋形态和多样化的装饰工艺，能为童装增添情趣和立体感，因此，口袋设计的装饰意义远大于它的实用意义，特别在幼儿装及小童装设计中，精心设计的口袋对于强化服装丰富多彩的表现力以及提升服装的设计感及艺术价值至关重要。

　　口袋设计应根据设计对象的年龄大小及用途来确定其形状和位置。对于幼儿装及小童装而言，口袋设计要符合他们天真、活泼可爱的性格特点，因此设计上更注重装饰性和情趣感的表达，多使用仿生设计，如动植物造型、卡通造型等，使口袋看上去富有童趣，充满无限的想象空间。对于大童而言，口袋设计应以实用性为主，袋口不宜小于手掌的宽度，便于手掌伸入和放置学习、生活用品，但也要注重袋形、袋位的艺术感，以整体上的美观和协调为原则。

　　口袋按其结构和工艺的不同，可分为贴袋、挖袋、插袋、复合袋四类。不同的袋形都具有各自的特色，并且是服装款式造型的重要组成部分。

1. 贴袋

　　贴袋是将袋布按照设计意图裁制成袋，直接贴于衣片所需部位，然后缉线固定而成。这种袋形造型多变，可以是规则的几何形、动植物或者设计感极强的随意形，可配合襻带、刺绣、印花、钉珠、褶裥、滚边、飞边等装饰工艺，视觉效果层次丰富，装饰感极强，在童装中应用最为广泛（图4-41）。

图4-41　童装中贴袋的造型

2. 挖袋

挖袋是在衣身上按设计的形状破开，制成袋口，袋内再缉缝袋布的一种袋形。其造型简洁大方，不过于突出醒目，易与服装整体相协调，同时袋内容量大且较为隐蔽，实用功能强，广泛应用于外套、大衣、风衣、裤子等童装设计中（图4-42）。

3. 插袋

插袋即缝内袋，是在服装的结构线、分割线、装饰线等缝隙间留出的袋口内缉缝袋布形成的口袋。袋口可以不显露，也可加袋盖进行强调，主要依据服装整体的造型风格而定。插袋设计应与分割线设计相配合，分割线条及插袋的形状、位置等以协调、美观为原则（图4-43）。

4. 复合袋

复合袋指将贴袋、挖袋、插袋等结合起来，合为一体，构成袋中有袋的复合口袋。这种袋强调设计感、个性化及功能性，常用于休闲装、夹克衫、大衣、风衣等童装品种中。

图4-42　童裤中的挖袋设计

图4-43　插袋设计

　　口袋设计是童装设计中的重要组成部分，需要多种形式、多种变化的口袋来丰富童装的视觉感，但必须与服装的整体风格保持一致，以免太过突兀而破坏童装的整体感。

（五）腰头设计

　　童装设计中的下装，如裤子、半身裙的腰头设计主要是从实用性及安全性的角度出发，美观则为其次。婴儿装中要求服装宽松、平坦舒适，一般采用无腰线设计，即使有腰头也采用扁平带子扣系的方式，尽可能不用纽扣、松紧带或其他较为硬的装饰品，以免误食或划伤婴儿皮肤。幼儿及小童因腹部突出，因此尽量避免腰线设计，以免对腹部造成束缚。腰头可采用松紧带、针织罗纹或配合背带的设计，防止儿童在玩耍时裤、裙滑落。对于中童和大童而言，他们已基本具备自理的能力，所以腰头设计也开始变得丰富，可以是低腰、高腰或中腰，腰头也与成年人的腰头设计无太大差别（图4-44）。

图4-44　以实用和安全为主的腰头设计

　　在童装的整体造型设计中，人们对于新奇的外观和独特的设计美感的追求是永无止境的，因此除了常规的细节设计之外，省道的设计、衣摆及开衩部位的设计也越来越有新意。省道的位置和形状除了具有塑型的实用功能外，也越来越强调其表面的装饰效果，衣摆线也摆脱了常规的横向线形，向多样化、多线性发展，衣摆中的竖向分割的开衩设计不仅便于儿童活动和方便服装的穿脱，也能使童装呈现出独特的中式风格，给人以严谨、洒脱的印象（图4-45）。

图4-45

图4-45 丰富的童装款式设计

本章小结

■ 童装款式相对于成人装款式设计而言具有一定的特殊性，其着重体现服装的功能性和实用性，其次才是对流行性、时尚性以及个性化的追求，这一点在婴幼儿装及小童装的设计中体现得最为明显。

■ 现代服装形态的变化是在服装基本形态的基础上，通过外轮廓线和内部分割线的变化及组合而成。

■ 服装的廓型是服装的外轮廓剪影，是服装形态中的第一视觉要素。服装外轮廓线的变化始终围绕着人体支撑服装的三个基准线即肩线、腰线和臀线，它们不同形态的组合便形成丰富的服装廓型。

■ 童装廓型的分类方法很多，常见的有字母型、几何形和物象型三大类，并且不同形态的廓型还可自由组合而形成新的廓型，使童装产生丰富、多变的造型外观。由于儿童特殊的生理和心理特点，其廓型变化较成人装而言具有一定的约束性，其应首先满足童装的舒适性、安全性及实用性的要求。

■ 童装分割线设计是使服装适体及美观，它不仅塑造了童装的外造型，使服装结构适合了儿童身高、胸、腰、臀及四肢体型特征的需要，而且在形式上体现了设计美感，塑造了童装的风格。

■ 在童装的整体造型中，廓型设计是视觉的第一印象，而领、门襟、肩、袖、口袋、腰头、下摆等的细部设计才是展现童装设计的关键。其设计前提是必须满足儿童的生理特点、体型特征及服装的安全性、实用性的需求，其次才是造型美、个性和流行性的展现。

思考题

1. 童装廓型分类主要有哪些？根据不同的廓型类别进行系列童装设计。

2. 影响童装廓型变化的主要因素有哪些？在设计中如何协调廓型、细节及分割线的设计？

3. 以领、门襟、袖、腰头等局部细节变化为设计中心进行系列童装设计。

童装色彩设计

课程名称： 童装色彩设计

课程内容： 童装色彩与儿童生理及心理的关系

童装色彩设计的规律

童装色彩设计的方法

课程学时： 12课时

教学要求： 1．掌握以色相环为依据的童装配色技巧。

2．了解童装色彩与季节色彩的关联性。

3．学会以大自然色彩为创作灵感的童装配色方法。

第五章　童装色彩设计

在色彩设计的规律中，童装色彩设计的特殊性在于其设计对象——儿童特殊的生理和心理发育的需求，了解色彩与儿童生理和心理的关系，是做好童装配色的前提。

第一节　童装色彩与儿童生理及心理的关系

色彩现象本身是一种物理光学现象，人们通过生理和心理对色彩的感知来完成认识色彩的过程。儿童身心处在生长和发育阶段，对色彩的感知和色彩情感也正处在认识阶段，服装色彩是儿童接触最为亲密的色彩之一，它们势必会潜移默化地影响到儿童对色彩的认知，对他们的身心健康发展产生一定的影响。因此，童装色彩的搭配除满足人们的审美需求外，更重要的是适宜儿童的生理及心理发育的特点，这就在根本上决定了童装色彩相对成人装色彩存在的极大特殊性。

一、童装色彩与儿童生理的关系

儿童在不同的生长阶段所适应及需要的色彩会有很大的变化，例如，从出生到两岁前的婴幼儿的大脑及视觉系统发育尚未完成，色彩会对其视觉形成一定的刺激，并且随着婴幼儿视觉系统的逐步发育，他们对色彩的辨识和认知能力会令他们对色彩格外敏感和注意。因此，这一阶段童装色彩忌讳强刺激及强对比的色彩，以免伤害他们的视觉神经，可通过一些高明度的、柔和的色系来满足其视觉对色彩的需求。另据研究表明，这一时期的婴幼儿更容易被色彩的亮度所吸引，且暖色系更容易引起他们的注意，所以，高明度的暖色调等色彩会刺激婴幼儿的大脑产生兴奋感，从而激发神经纤维的增长，有助于其智力发展。

儿童在2～3岁时视觉神经发育到可以初步辨识红、橙、黄、绿、天蓝、蓝、紫七种颜色，特别善于捕捉和凝视鲜亮的色彩，但是对纯度的分辨能力有限。在童装配色中可以采用对比鲜明的色彩组合，但忌讳大面积的尖锐刺激的色彩搭配运用（图5-1）。

3～4岁的儿童已能正确辨别基本色彩，并且能通过教育逐步学会辨别各种混合色，但还不善于区别带有层次递进的色彩关系。所以这一年龄阶段的童装配色可大面积使用红、黄、蓝、绿等原色，并可适当增加混合色及中间色的运用，这样不仅有利于儿童学习和认识更多的色彩，而且对其丰富想象力的形成也有很大的帮助（图5-2）。

发育至5～6岁时，儿童的智力增长较快，能认识多种颜色，具有一定的色彩辨别能力。这一时期童装配色的自由度较大，女童装尽量避免颜色灰暗的冷色系，这类冷色系容易产生孤僻和怯懦感而造成小女孩性情羞怯、懦弱；男童装不宜采用黯淡的颜色，会让男孩产生易骚动的性格。总之，这一时期的童装色彩适宜采用较鲜亮、活泼的色彩组合（图5-3）。

图5-1　鲜明的色彩组合能使儿童产生兴奋感

图5-2　丰富的色彩组合有助于儿童想象力的发展

图5-3　杜嘉班纳（Dolce & Gabbana）2014春夏童装的色彩搭配

6~7岁的儿童已经能够认得光谱中的所有颜色，因此童装色彩也具有较为宽泛的选择性，但重点要突出孩子天真活泼的特性。这一时期的儿童，渴望与大自然亲近，热爱大自然中的鱼、鸟、虫、花草等动植物，所以，童装色彩可以从大自然或者生活当中的卡通、动漫形象为灵感，突出体现色彩的丰富和活泼感，培养他们对色彩的艺术感知和情感，且有利于孩子的想象和创造力的发展（图5-4）。

图5-4　大自然是童装色彩取之不尽的灵感源泉

7～15岁的儿童已经处在学龄期，在长期与色彩的接触中，已经初步具备一定的审美能力及色彩偏好。有研究表明，小学生中男生的色彩爱好次序是绿、红、青、黄、白、黑；女生的爱好次序是绿、红、白、青、黄、黑。但随着年龄的增长，儿童的色彩偏好逐渐向复色过渡，且向黑色靠近，也就是说，年龄越近成熟，所喜爱的色彩越倾向成熟，也更加注重个性的表达（图5-5）。

图5-5　约翰·加里亚诺2013秋冬中、大童装的色彩搭配

二、童装色彩与儿童心理的关系

色彩是童装的视觉语言，常常以不同形式的组合或装饰传达着童装的情感。这种情感也影响着儿童的心理和潜移默化地培养他们的艺术感知力。

当童装色彩作用于儿童的视觉感官时，首先会使儿童出现视觉生理刺激和感受，同时进一步引起儿童的情绪、行为等一系列的心理反应，这个过程就是服饰色彩的视觉心理过程。人们对服饰色彩的各种情感表现和反应，是随着色彩心理过程的形成而产生。童装可以用各种各样的颜色进行装饰，限定性很小，但是色彩搭配一定要遵循和谐、情趣、流行和个性的规律。例如，儿童的天性是天真、活泼好动，对世界充满新鲜感，具有极强的好奇心和冒险精神，因此，明快醒目的有彩色及大自然中亮丽的色彩受到他们的偏爱，再搭配趣味感极强的动植物或卡通图案，使得童装不仅能够让他们体会到快乐、兴奋，而且也能激发他们的想象力和艺术感知力。另外，合理恰当的童装色彩不仅能够加强童装的视觉感染力，对儿童心理乃至性格气质的形成也会产生一定的积极作用（图5-6）。

图5-6　丰富的植物色彩具有极强的视觉感染力

色彩是有语言的，它无声地传达孩子对色彩的潜意识倾向，对颜色的潜意识选择有可能暴露孩子的深层个性与气质特征。例如，孩子如果极端地热爱某一种颜色，那么他的个性往往就越突出，呈现出与这个颜色相似的情绪倾向。恬淡可爱的粉红色是很多小女孩的最爱，这意味着孩子受到父母细致入微的怜爱，这种类型的女孩子大多细心体贴，拥有优雅、柔顺的气质，也常常成为受关注的焦点；而偏好橙色的孩子，往往语言表达能力强，善于人际交往，性格上呈现出乐观、外向、活泼、大胆的气质特征，缺点就是容易以自我为中心，不善于体谅他人，冲动且爱冒险；偏爱紫色的孩子有情绪波动剧烈的倾向，性格内向，少言；偏爱蓝色、绿色的孩子一般比较沉静、理智；喜欢咖啡色的孩子，内心常常缺乏真正的安全感，遇事瞻前顾后，优柔寡断。孩子对色彩的偏好和执着并非与生俱来，它是多种因素影响的结果，比如生活环境、父母的教育方式等会直接影响孩子的心理。因此，父母可通过服装色彩对孩子的心理及性格气质进行调节。例如，从小穿灰暗色调的小女孩大多性格懦弱，羞怯且不合群，如果给她换上类似橘黄、桃红等鲜艳明快色调的服装之后会对其孤僻、无依无靠的心理状态有所改善；而小男孩喜爱穿紧身的深暗色服装，致使他产生骚动心理，并可能伴有破坏癖，假使改穿黄色或绿色系列的温和色调的宽松服装，这个小男孩的心态可逐渐转变，趋向乖顺和听话。由此可见，色彩对儿童从幼儿时期开始树立健康的性格和品行起到不可估量的作用，可以通过色彩来达到对孩子性格的塑造，让孩子在童年有一个良好的个性发展空间。

童装色彩的设计应以儿童生理、心理及活动特征为基点，一方面要符合儿童生理、心理特点，帮助儿童养成良好的色彩审美及启迪儿童对色彩、对美的追求，为培养日后正确的着装习惯和健康的行为意识打下基础；另一方面，童装色彩要更好地呵护儿童，有益于他们的身心健康成长。

第二节　童装色彩设计的规律

儿童所处的生长阶段不同，其生理和心理特点也有较大的差异性，因此，不同年龄阶段的童装色彩设计也会随年龄的变化而变化。

一、婴儿装色彩

婴儿睡眠时间长，视觉神经尚未发育完全，色彩心理不健全，且性别的差异在服装上体现得并不是很明显，因此，这一阶段服装主要以保健和舒适为原则，强调洁净和柔软感。服装色彩以明度、彩度适中的浅淡雅致的色彩为主，如白色、淡粉色、淡蓝色、淡紫色、淡黄色、米色、奶白色等，服装上的图案也以小巧精致为主，如粉色系的花朵图案和小动物图案等，清新、明快的色彩氛围与婴儿稚嫩的皮肤相得益彰，不仅可以避免染料对婴儿皮肤的影响，而且还能衬出婴儿健康、纯真和娇憨可爱的特点。另外，婴儿需要安静、舒缓的色彩氛围，所以应避免太过鲜艳且刺激性强的色彩。又因婴儿时期是人生的起点，象征着蓬勃的朝气和生命力，是人们的希望所在，深沉而毫无生气的色调也是不适宜（图5-7）。

图5-7　浅淡、雅致的色彩氛围与婴儿的稚嫩、可爱相得益彰

二、幼儿装色彩

幼儿活泼好动，喜欢歌舞或游戏，因此，幼儿装色彩以鲜艳色调或耐脏色调为宜。例如，鲜亮而活泼

的三原色、对比色的运用，会给人明朗、欢悦和轻松的印象；藏蓝、咖啡色、土黄等深色调除具有耐脏的实用功能外，与白色或柔和的色彩搭配会使幼儿装产生小大人似的优雅和庄重感，别有一番成人装的气质（图5-8、图5-9）。

图5-8　鲜艳、对比度强的色彩适合幼儿活泼好动的天性

图5-9　杜嘉班纳成人风格的幼儿装配色

三、小童装色彩

小童装色彩设计要充分体现他们的活泼、天真、可爱、好奇、好学、好动的心理特征。此期儿童偏好高彩度、高明度、鲜艳而明快的色彩，不太喜欢含灰度高的中性色调。如红色、绿色、黄色、蓝色、紫色等纯色调搭配奇幻的动物或卡通图案、鲜艳的花草纹样等，最适合表现孩子们天真、童趣以及无忧无虑的天性。但由于受到时代文化、流行趋势或流行色的影响，这种配色风格也并非是一成不变的刻板原则，低彩度色彩、无彩色或者协调柔和的色彩也会使小童装展现出另一种庄重和正式感，赋予顽皮的童年一抹智慧而聪颖的色彩，进而培养他们独立的个性和审美观念（图5-10、图5-11）。

图5-10 杜嘉班纳2014春夏童装

图5-11 小童装多样化的配色风格

四、中童装色彩

这一时期的儿童处在学龄期，他们对色彩有一定的认知，且有自己的色彩偏好，一般以调和的色彩取得悦目的效果。校服色彩以大方、庄重为宜，如蓝色、藏青色、白色或者红色为主；节日装以鲜艳、亮丽的色彩来烘托气氛；春夏的服装色彩以清新、明朗为基调，如白色、天蓝色、浅黄色、草绿色等，适当加入灰色调节；秋冬的服装色彩以温暖的中性色调为主，如藏青色、土黄色、墨绿色、暗红色、咖啡色等。总之，这一时期童装的配色自由度较大，主要体现儿童积极、健康向上的精神风貌（图5-12）。

图5-12 丰富多彩的中童装配色

五、大童装色彩

大童特指处在中学时期的青少年。随着年龄的增长以及对社会、人生了解的逐渐加深，他们的自我意识越来越强烈，也逐渐形成自己的性格气质。热情的红色、纯洁的白色、明快的黄色、浪漫的玫瑰色、甜美的粉色、幽静的蓝色、充满生机的绿色等搭配出富有青春气息的色彩最能体现他们积极向上、健康的精神风貌。但有时深沉而平淡的无彩色及中性色如米色、咖啡色、深蓝色或墨绿色等也会受到他们的青睐，这种自由多变的色彩风格正好与他们求新、求异、求奇、善变的性格特征相吻合，特别是他们敢于冒险的精神使其绝不能与时尚脱节，流行色是他们衣橱中不可缺少的色彩（图5-13）。

图5-13 拉尔夫·劳伦（Ralph Lauren）大童装的色彩搭配

  另外，在童装色彩中，图案的色彩是色彩组成的一个重要方面。儿童热爱自然界中的花草、动物，对世界万物有着天生的好奇心。根据儿童这一心理特点，简洁的花卉、拟人化的动物、卡通图案、跳动的色块和文字等是童装设计的常用图案。在具体的物质世界之中，童装的色彩和图案不仅具有审美功能，在一定程度上也担负着教育的作用（图5-14、图5-15）。

图5-14 图案色彩是童装色彩中重要的组成部分

图5-15 趣味性图案在童装色彩中的应用

  总之，童装的色彩要趋向鲜艳、明快、协调，还要随流行色的变化而变化。图案色彩运用要符合儿童的审美心理，能够唤起儿童的兴趣。另外，随着近年来生态童装设计的兴起，生态童装色彩设计也越来越受到重视，一方面，童装色彩设计要符合不同年龄段儿童的不同需求；另一方面，生态童装色彩设计要充分考虑服装色彩实现过程中的环保问题，如服装染料的安全性、色牢度等。

第三节　童装色彩设计的方法

一、以色相环为依据的童装色彩设计

（一）同色系的色彩搭配

同色系的色彩搭配是一种最简便、最基本的配色方法。同色系是由同一种色调变化而来，一般色相相同或相近，只是在明度、纯度方面发生一系列的变化，产生浓淡深浅不同的色调，如深蓝与天蓝，玫瑰红与粉红等；或者渐次加入不同程度的黑色而调成暗调，如大红与暗红、亮黄与土黄等。同色系的色彩搭配柔和而文雅，能产生秩序的渐进美感，取得端庄、沉静的效果，但这样的配色方法也容易给人单调感，显得呆板而缺乏生气。因此，在配色时应加大色彩之间的明度、纯度的变化，或者通过不同材质的对比、不同块面的分割来使色调形成丰富的层次，为避免色调的乏味和无力，也可适当添加点缀色，在调和统一的基调中求得明快的对比效果（图5-16）。

图5-16　不同质感的同色系色彩搭配能产生丰富的层次

（二）邻近色的色彩搭配

在色相环上，以一种色彩左右相邻90°以内的色彩统称为邻近色。如红与橙黄、橙红与黄绿、黄绿与绿、绿与青紫、橙色与橙黄色等。邻近色有近邻和远邻之分，我们将其细分为类似色相和远邻色相。处于0°～30°以内范围的色彩为类似色相，它们之间有较为密切的属性，通常含有相同的色素成分，易于调和，容易出现雅致、柔和、耐看的视觉效果，且配色效果丰富、活泼；而远邻色相在配色时必须根据其性质和色感来搭配。邻近色在搭配时应明确主色调，不同色彩在组合时应注意面积、分割形式、排列顺序等形式美问题以及无彩色的调和作用。在童装中，邻近色广泛应用于系列童装或套装组合，给人活泼可爱、自然大方的视觉印象，是较为理想的配色方法（图5-17）。

图5-17　邻近色组合具有协调统一的美感

（三）对比色的色彩搭配

对比色的色彩搭配指相隔较远的颜色相配，一般指在色相环上相距90°～180°之间的两种颜色。其中，90°左右的色彩搭配也称中差色搭配，这种配色的对比既不强烈又不会太弱，如蓝绿色与黄色、蓝紫色，绿红色与蓝紫色、黄绿色等。在色相环上处于120°～180°之间的色彩对比较为强烈，如红色与青绿色、橙色与绿色、紫色等。相距180°的两个色彩又称为补色，如黄色与紫色、红色与绿色、蓝色与橙色等。他们在色彩中具有最强烈的对比关系。对比色的色彩搭配会对人的视觉具有较强的刺激性，有浓烈的色彩气氛，能给人带来耳目一新和惊艳的感受。但在实际运用当中，要注意黑、白、灰无彩色的调和作用，同时也要注意设计对象的年龄及生理、心理发育的特点，强对比色的色彩搭配一般不适用于婴幼儿服装（图5-18）。

图5-18　对比色的色彩搭配具有强烈、醒目的视觉效果

二、以大自然为灵感的童装色彩设计

（一）以季节色彩为灵感的童装色彩设计

从万象更新、绿意盎然的春天到浓荫蔽日、骄阳如火的夏天，从浓郁成熟、硕果累累的金秋到寂寥清冷、寒风瑟瑟的冬季，随季节周而复始更替的是大自然多姿多彩的色调。我们生活在大自然的怀抱中，服装色彩也要与大自然的环境色彩保持着统一和协调。儿童天真可爱、热爱大自然，对大自然的一切都充满着无限的想象和幻想，他们向往在大自然中无拘无束地玩耍，与大自然的花草和小动物们建立深厚的友谊，在大自然怀抱里，就像生活在妈妈讲的童话故事里，一切自然的生灵都被赋予人性。这是儿童特有的想象力和天真无邪，在他们的世界里，童装色彩在其与大自然的沟通当中被予以重要的媒介作用。

春季，大自然从寒冬的清寂中苏醒过来，它舒展着身上的每一个细胞。于是才有草木的萌发，百花的盛开，花香鸟语，欣欣向荣。整个大自然界被温和、清新而明快的色彩氛围笼罩。儿童本身处在人生的起点，是人们希望的所在，因此，春季童装应以明度高、纯度低的中性色调及浅色调最为适宜。如白色、粉红色、亮黄色、各种层次的绿色、淡黄色、乳白色、浅粉色等，娇嫩而明亮，不仅与自然色调相得益彰，而且也衬托出儿童天真烂漫、活泼可爱的青春气息。总之，春季童装的色彩搭配以明快、活跃而生气勃勃为基调，充满新鲜感和生命力（图5-19）。

图5-19 春季童装配色明快而富有朝气

夏季炎热，容易让人产生焦躁而不安的情绪。童装配色一方面要使人在生理上产生凉爽的感觉；另一方面也要对心理上的焦躁情绪起到一定的调节和镇静的作用，因此夏季的童装应以宁静的冷色和反光性强的清淡色调最为适宜，如白色、玫瑰粉色、浅蓝色、淡紫色、橄榄绿色等，应避免深重、暗沉的色彩，以免加重儿童烦躁而压抑的心理感受。概括而言，夏季童装配色应以冷色调、浅色调为主，以展示清新爽洁的形象（图5-20）。

图5-20　夏季童装配色强调清爽、洁净的视觉感受

　　秋季是成熟的季节，大自然呈黄、褐色调，沉稳而厚重，童装的色彩也应向沉稳、饱满、中性而柔和的色调过渡，表现童装温和而优雅的气质，如土黄色、驼色、砖红色、褐色、深棕色等，通常也可适当点缀高明度的彩色，来提升童装活泼可爱的感觉（图5-21）。

图5-21　秋季童装配色温暖而饱和

　　冬季气候寒冷，万物萧条，大自然的色彩单调而毫无生气。此时的童装色彩以吸光性强的深色和暖调为主，来打破寒冷所带来的单调与沉闷感。如黑色、藏青色、棕褐色、驼色等深色调和红色、橙色、黄色等暖色调的对比来振奋精神，给冬季的着装增添活力（图5-22）。

图5-22 亮色提升冬季童装色彩的精气神

（二）以物象为灵感的童装色彩设计

大自然中的一切物象皆有其自身的色彩，如五颜六色的花朵、五彩斑斓的海底世界等，这些色彩不仅让大自然美艳动人，同时也在人类长期的视觉进化中形成人眼最和谐的色彩组合。面对各种鸟类、昆虫、鱼类及各种奇花异草等优美的图案和绚丽的色彩搭配，我们不得不感叹大自然才是卓越的色彩搭配大师。因此，在童装色彩搭配中，要充分利用并从自然色彩中寻找灵感，从江河湖海到田园山川，从风霜雨雪到花草树木，从飞禽走兽到鱼贝昆虫……大自然的色彩可以变幻出无穷的组合方式，是童装色彩搭配永不枯竭的创作源泉。

1. 以动物色彩为灵感的童装色彩设计

世界上的动物种类繁多，虽然有些个体差异较大，但纵观整个动物界，我们会发现动物基本具备一个共同的特征，那就是在长期的自然进化过程中形成丰富而和谐的体表色彩系统。例如，有着美丽的翅膀及花斑的昆虫、蝶类；壳色丰富而具有光泽的贝类；羽毛色彩变化多端的鸟类、禽类；色彩变幻无穷的鱼类；体表色彩与自然环境色彩相辅相成的爬行类；以及与我们最为亲近且皮毛闪着光泽、颜色各异的哺乳类等，这些奇妙而丰富的动物色彩组合为我们提供了无穷的色彩搭配样本。

在动物的色彩中，孔雀的色彩尤其丰富、多变，灰色、黑色的无彩色配合孔雀蓝色、孔雀绿色的明度变

图5-23 丰富的蝴蝶花斑色彩

化以及土黄色、赭石色等暖色调的对比，使得色彩的层次感非常突出。童装配色中，若以孔雀色为基调，则色彩的灰度较大，色调略显浓重，比较适合时尚、前卫的大童装；和孔雀色彩的浓烈相比，有些鹦鹉色彩的对比度则更强，且纯度更高，具有非常强的视觉冲击力，如大红色、黄色、蓝色、绿色以及黑白色等的搭配异常醒目，具有热情、活泼的视觉印象，非常适合小童装及中童装的色彩搭配。另外，蝴蝶的色彩在众多的昆虫类色彩中也极具代表性，它们或艳丽、或素雅、或明快、或沉着，变化万千，设计师可根据童装的风格及适应年龄选择适合的色彩系统，或选取部分配色加入童装的色彩设计中（图5-23、图5-24）。

图5-24 以蝴蝶色彩为灵感的童装配色

虽然动物的色彩丰富，变化万千，但是在童装配色过程中要注重主色、配色以及点缀色等的组合关系，且无胡乱用色，以免使原本漂亮的色彩组合失去秩序感。

2. 以植物色彩为灵感的童装色彩设计

我们生活在大自然中，与我们生命息息相关的莫过于植物类。这些植物不仅为我们提供食物，美化我们的生存环境，也着实让我们拥有美好的视觉享受。各种花卉、瓜果、叶草以及树木等的色彩会随着季节、生长周期的不同而产生丰富的变化。如果我们认真观察一朵花，便会发现花冠、花瓣的形状和花色之间、花瓣与花瓣之间、花瓣与花心之间、花瓣根部与花瓣边缘、花瓣上面的纹脉与斑点等色彩之间有着丰富、深入、

对比有序的色彩关系，在花朵从含苞待放到盛放再到枯萎的过程中，色彩也由淡转浓、由浓转灰等的变化。而各种叶草从春季的嫩黄、嫩绿到夏季的翠绿、葱绿再到秋季的黄色、褐色或者红色等的变化，都是我们萃取色彩的灵感源泉。在以植物色彩为灵感的配色中要注意色彩的选择要与童装风格的整体相搭配，色彩配比要有主次感和秩序感或者配合面料的肌理变化来增加色彩的层次感（图5-25、图5-26）。

图5-25　冷暖相宜的莲花色彩

图5-26　以莲花色彩为灵感的童装配色

3. 以环境色彩为灵感的童装色彩设计

这里指的环境色主要指土石色，包括岩石色、泥土色、沙滩色、沙石色、矿石色及礁石色等。如西北地区的丹霞地貌，呈现浓烈的黄色及红褐色调，异常壮观，经年累月在风化作用侵蚀下的岩石，肌理粗糙、岩块锐利、岩壁峭峻，色彩也有壮阔的咖啡色系、坚硬的青黑色系、冷暖交融的青灰色系以及锈红色、姜黄色、豆绿色、灰茶色等色系。这些低纯度、中明度的色彩组合呈现出雅致、成熟而稳重的个性美感，一般适合于年龄较大的儿童或另类、前卫的服装风格。另外，在采集土石色的同时，也可加入其相互衬托的周围环境色彩，如岩石色与苔藓色、岩峰色与蓝天色、沙滩色与鹅卵石色、大海色等，这会让整个配色更为生动、有力（图5-27、图5-28）。

图5-27　夕阳余晖里丰富的梯田色彩

图5-28　以梯田色彩为灵感的童装配色

本章小结

■ 儿童身心处在成长发育阶段，童装色彩在一定程度上影响着他们对色彩的认知和情感，并对其身心健康发展产生潜移默化的影响。不同年龄段的童装色彩搭配应充分体现出该年龄段儿童对色彩的生理适应和心理适应。

■ 在童装色彩搭配中，婴儿装色彩突出清新、明快和雅致的氛围；幼儿装色彩突出鲜亮和活泼感，多用对比色；小童装要体现儿童好奇、好动的性格特点，多采用高彩度、高明度等鲜艳而明快的色彩组合；中童装及大童装的色彩搭配自由度较大，主要体现这一时期儿童健康和积极向上的精神风貌，与前几阶段的童装色彩相比，其突出特点是流行色的普遍运用。

■ 童装色彩设计的方法主要包括两种，即以色相环为依据的色彩设计和以大自然色彩为灵感的色彩设计。

■ 以色相环为依据的童装色彩设计中，同色系搭配最具柔和、雅致和秩序的美感，但也容易显得单调、呆板，可通过点缀色或不同质感材质的穿插来提升色彩的层次感；邻近色搭配最具协调、统一的效果，且色彩变化丰富；对比色搭配强烈而醒目，拥有较为浓烈的色彩氛围，可利用黑、白、灰无彩色进行调节。

■ 大自然每个季节都有其自身的色彩倾向，不同季节的童装配色可与相应季节的大自然色调协调统一。

■ 大自然拥有最为和谐的色彩系统，也是童装配色取之不尽、用之不竭的灵感源泉，我们要善于观察和利用大自然中的各种事物，提取其丰富的色彩，便可变换出无穷的色彩组合。

思考题

1. 以色相环为依据进行童装配色训练。
2. 根据童装色彩与大自然色彩的关联性，分季节进行系列童装色彩设计。
3. 以大自然中的某一动植物的色彩为灵感进行童装色彩设计。

童装面料设计

课程名称: 童装面料设计

课程内容: 童装的面料

童装面料设计

课程学时: 12课时

教学要求: 1. 认识并了解童装常见织物的类别及常见面料品种,并能根据设计对象进行合理选用。

2. 掌握童装纱线设计、面料二次设计的方法,并能进行创新设计实践。

第六章 童装面料设计

第一节 童装的面料

儿童皮肤十分稚嫩，抵抗有害物质侵蚀的能力差，因此童装的面料要求较为严格，吸汗、透气、舒适安全、绿色环保是对童装面料的要求。

一、童装面料

童装面料种类繁多，织物肌理丰富，织造方式灵活，常见的童装面料按织造方式分为机织面料、针织面料和新型面料。

（一）机织面料

机织面料是由两组或多组纱线相互以直角交错而成的织物。由于机织面料纱线以垂直的方式互相交错，因此具有坚实、稳固、缩水率低等性能。在童装面料中，常见的机织面料有细平布、色织布、牛仔布、卡其布、灯芯绒、巴厘纱、泡泡纱、府绸等，主要用于儿童的春夏裙装、外套等品种（图6-1）。

图6-1 杜嘉班纳2014春夏童装运用的机织面料

（二）针织面料

针织面料是由线圈相互串套连接而成的织物，具有舒适、伸缩性强、保暖、吸湿透气等优良的服用性能，是童装中应用范围最为广泛的面料品种。针织面料的原料主要有棉、麻、丝、毛等天然纤维，也有锦纶、腈纶、涤纶、氨纶等化学纤维。针织面料具有丰富的外观，品种多样、花色繁多，主要有平纹布、罗纹布、双面布、珠地布、毛巾布、卫衣布、绒布、针织天鹅绒、摇粒绒等。针织面料几乎适用于童装的所有品种，如内衣、背心、裙子、外衣、毛衫、外套、服饰配件等（图6-2）。

（三）新型面料

以纳米科技、生物科技、信息科技为主导的新时代带来纺织技术的新纪元，在新型纤维方面，有生态棉纤维、绿色竹纤维、天丝纤维、大豆蛋白改性纤维、牛奶蛋白改性纤维、甲壳素纤维、聚乳酸纤维等；在新型面料方面，有绿色、环保、低碳的生态面料，有防螨、抑菌、防霉的功能型面料，这些生态环保及高科技面料，不仅拥有丰富的可塑性和时尚的外观，并且在舒适度、透气性、防皱、色牢度、耐磨、耐脏等方面比天然纤维面料更胜一筹，如通过纳米易护理技术，可以使滴落在织物表面的液体形成液珠而无法渗入纤维内部，使服装容易清洗，这种功能正好满足童装防水、抗污、可机洗、不易损耗的需求。童装新型面料的开发大大改变了过去童装面料以天然纤维为主的局面，满足童装面料的设计需求，使童装更具时尚感并呈现出丰富多彩的外观（图6-3）。

图6-2 童装中品种繁多的针织面料

图6-3 新纺织技术使童装面料呈现多元化的发展

二、童装面料品种

可用于童装的面料品种众多，设计师要充分了解童装面料的种类和服用性能，针对儿童的生理特点、童装设计的风格以及实际要求进行合理选用。

（一）棉织物

棉织物以天然棉纤维为原料织成，通常称为棉布。棉织物具有吸湿力强、穿着舒适、透气、保暖、耐磨、耐洗等优良的服用性能，是童装中应用最为广泛的面料，但也有缩水率大、易霉变、保型性差等缺点。常见的棉织物品种有平纹布、斜纹布、绒布、毛圈布、棉针织布等，适用于童装的内衣、衬衫、连衣裙、外套、裤子、睡衣等多种品种（图6-4）。

图6-4　棉织物

（二）麻织物

麻织物的原料成分主要有亚麻和苎麻，其质地坚固，吸湿、散湿快，透气性好，穿着凉爽，但柔软性和染色性较差，多用于童装的外套、连衣裙、衬衫等品种。随着现代纺织技术的发展，麻织物的性能也在逐渐改善，如经过生物技术处理后的麻织物，其不仅与人体肌肤具有良好的亲和性和适应性，且柔软透气，抑菌耐洗，表面平整而光洁，适合于开发各类童装产品。另外，麻纤维还可以与棉纤维、丝纤维、涤纶纤维、锦纶纤维等制成风格各异的混纺麻织物，可用于儿童衬衫、马甲、休闲服、西服、大衣等童装品种，其中最为常见的是棉麻混纺织物，其手感柔软，质地细密，坚牢耐用，适用于童装夏季衬衫、衣裙等品种的设计制作（图6-5）。

（三）丝织物

丝织物指以蚕丝为原料织成的织物，包括桑蚕丝织物与柞蚕丝织物两种。桑蚕丝织物细腻光滑，光泽柔和，具有较好的染色性；柞蚕丝织物色泽较为暗淡，外观比较粗糙，坚牢耐用，手感柔软而不滑爽。丝织物具有较好的吸湿、透气性，富有弹性且触感轻盈滑爽，但容易起皱，适合做贴身服装。童装中常用的丝织物有绸类、纺类、绉类及缎类面料。绸类面料如纺绸、塔夫绸、山东绸、斜纹绸等，主要用于儿童礼服及舞台表演类服装；纺类面料如电力纺、杭纺和绢丝纺等，可用作儿童连衣裙、衬衫、罩衫等品种；绉类面料如双绉、乔其纱等，多用作儿童夏季衣裙、衬衫等品种；缎类面料如软缎、织锦缎、云锦等，主要用于儿童表演装及礼仪性服装（图6-6）。

图6-5 麻棉混纺织物

图6-6 丝织物

（四）毛织物

毛织物是由动物纤维纺织而成。毛织物面料伸缩性和透气性好，手感丰满，光泽含蓄自然，保暖性好，不易皱，但易缩水、易被虫蛀。毛织物面料主要包括粗纺、精纺以及毛混纺面料。粗纺毛织物手感丰满，以多色毛纱混纺为特色，是理想的秋冬装面料，可用于儿童大衣、外套、夹克、套装、裙装等品种；精纺毛织物表面平滑、挺爽，具有良好的吸湿、透气性，虽轻薄但结构细密，回弹力好且经久耐用，可用于儿童大衣、套装和休闲服等品种；毛混纺织物是用羊毛和其他纱线混纺而成的面料，毛涤混纺织物是童装中运用较多的毛织物品种，毛涤混纺面料不仅保留了羊毛织物的优良性能，而且发挥了涤纶的长处，回弹性好，不易皱，坚固耐磨，易洗快干，保型性好（图6-7）。

图6-7　毛织物

（五）化纤织物

由化学纤维为原料织成的织物称为化纤织物。具有易洗、色牢度高、不被虫蛀、不易霉变等优点，但与天然纤维织物相比，其在吸湿、透气性，面料手感，与皮肤的接触感等方面较差，所以不适合用作儿童内衣面料，也不适用于年龄较小的儿童穿着。化纤织物一般用于大童装中的外套、夹克、运动休闲装等品种。常见的化纤织物有黏胶织物、涤纶织物、腈纶织物、锦纶织物、氨纶弹力织物等。黏胶织物主要用于儿童套装、运动服、夹克、罩衫、裤装、帽子等；涤纶织物主要用于学生制服、罩衫、衬衫、外套、运动服及短裤等；腈纶织物主要用于童装中的礼服、裙子、校服及袜子等；锦纶织物主要用做童装中的罩衫、礼服、滑雪衣、风雨衣及袜子等；氨纶弹力织物重量轻，舒适且具最佳的弹力性能，可用做儿童练功服、体操服、运动服等（图6-8）。

图6-8　化纤织物

（六）皮草及皮革

鞣制后的动物毛皮称为皮草（裘皮），经过加工处理后的光面或绒面皮板称为皮革。皮草分为天然皮草和人造皮草。天然皮草轻便柔软，坚实耐用，保暖性强，极为珍贵。天然皮草既可用做面料，又可充当里料与絮料，还可以通过挖、补、镶、拼等缝制工艺制成丰富多彩的服装外观；人造皮草是通过多种类型的化学纤维混合而成，既有天然皮草的外观，同时还有丰富的色彩和花纹，运用也极为广泛。皮革也分为天然皮革和人造皮革，天然皮革主要用于服装与服饰配件，如儿童外套、鞋类、皮包等品种；人造皮革拥有天然皮革的外观，且服用性能优良、种类繁多、色彩丰富、变化多样、价格低廉，通常适用于时尚和前卫风格的童装（图6-9）。

图6-9 皮草和皮革

三、童装面料选择

童装面料强调柔软性、透气性、舒适性、安全及健康的选用原则。总的来说，棉、麻、丝、毛类天然、环保面料为童装设计的首选面料，其良好的吸湿透气性和防臭抑菌功能为儿童身体提供了优良舒适的服用环境。

婴儿时期的儿童缺乏体温调节能力，易出汗，排泄次数多且无自理能力，皮肤娇嫩，所以其面料选择以柔软轻薄、吸湿性好、透气性好、热传导度低、对身体无害的天然面料为佳。

幼儿时期的儿童活泼可爱，对世界充满了新奇感，好学好动，拥有一定的自理能力，但不具备自我保护的意识。其面料可选择质地结实、耐脏、耐磨且伸缩性好的天然面料。由于此阶段儿童服装洗涤频率高，易洗快干的面料也是较好的选择。

学龄前期、学龄期的儿童具有一定的自我意识，活动能力强。这一时期应尽量选用轻柔、舒适、耐洗涤、不褪色、不缩水、耐磨性好的天然纤维织物或化纤混纺织物，如质地结实、耐磨的牛仔织物、卡其织物等。另外，这一时期童装的性别差异明显，可根据男女童装的设计风格和服装品种进行多种面料的合理选择和搭配。

少年时期的儿童无论从生理还是心理都趋向于成熟，他们开始拥有自己独立的着装意识和偏好，最明显的特征是着装开始追求时尚和个性。这一时期服装面料的选择范围非常宽泛，但面料的性能要满足学生运动及身体发育的需要。

第二节　童装面料设计

面料是服装设计必不可少的要素，它一方面是服装实物化的依托体，另一方面它左右着服装的风格和造型。现代童装设计要充分了解面料的服用性能，既要符合儿童穿用的舒适性和安全性，又能体现出面料的材质美以及与服装造型、色彩之间的和谐关系。本节将从形成面料的纱线和面料的二次设计两方面入手，从面料形成前和形成后探讨童装面料设计方面的问题。

一、纱线设计

面料是由纱线通过一定的纺织工艺加工而成。纱线的形态和性能以及纺织工艺决定服装面料的外观风貌和服用性能，而服装面料对服装风格以及舒适性也有极大的影响作用。在推陈出新、不断变化的服装王国，创新是变化的核心，是时尚推动力的关键所在。而今，服装的创新已不仅仅体现在面料的选择和款式的变化上，更高级的形式是从源头开始着手带动服装的整个设计，这个设计思想就是从纱线开始。

著名台湾设计师潘怡良说："我整个的设计都是来源于一条纱线，当它还没有被织成一块布料的时候，其实是让人有无限想象空间，因为你不知道它出来会是一件什么样的衣服，它可能会成为一件礼服，也可能是一件充满个性的服装，我觉得我所有的服装都来源于一条线，它勾勒着我关于服装的一切想法。"三宅一生品牌的掌门人宫前義之也说到三宅的服装注重纱线到面料的整个过程，拥有别人没有的独特面料技术。由此可见，纱线设计已是服装另辟蹊径设计的源头。童装与成人装一样，纱线变化带来面料的变化必将丰富着服装的外观和风格，也将使童装的服用性能更完善。

纱线设计是注重对纱线成分和外观的创新。纱线的性能直接决定服装的服用性能。纱线的性能由纱线的成分和纺纱工艺构成，多种新型材质包括超细纤维、弹性纤维、天丝纤维、竹纤维、莫代尔纤维、改性纤维以及各种花式纱线，丰富了服装的创作语言（图6-10）。将粗细不同、成分各异的纱线以多种方式编织，颜色或同或异，视觉效果极为丰富。此外，将上等小山羊毛和超细羊绒中加入金属纱；将安哥拉山羊毛、羊绒、羊驼毛等昂贵纤维材料混纺；将亚麻和羊毛纤维混纺，形成珠皮呢和绒毛效果……面料本身具有越来越丰富的表情，如奢华、温暖、细腻、粗犷、保护感、手工感、未来感等。在实际的设计过程中，将纱线的表情和具体款式紧密结合并进行思考，便可打开创新思路。

设计从纱线开始，是让我们从源头把握整体，实现创新。任何富有灵气和生命的设计都有其清晰的设计脉络和不断发生的轨迹，纱线如同一个细胞，慢慢分裂、成长，在各种观念及形式的推敲和磨合之后，最终发育成一个完整的生命，原有的设计精髓和新的设计形式也随即诞生。近年来，纺织服装教育界也逐渐认识到纱线设计的重要性，以纱线设计为主题的设计大赛也逐渐兴起，如全国纱线设计大赛、"华孚杯·中国"色纺时尚设计大赛等。2013年"华孚杯·中国"色纺时尚设计大赛以"新色纺·新时尚"为主题，要求以指定纱线为载体，力求设计创意与工艺技术的创新，是国内首个连接纱线、面料与服装上下游的专项设计大赛，凸显设计"新"的规则、风格和趋势。从源头——纱线设计开始创新，能为我们带来耳目一新的服装外观。

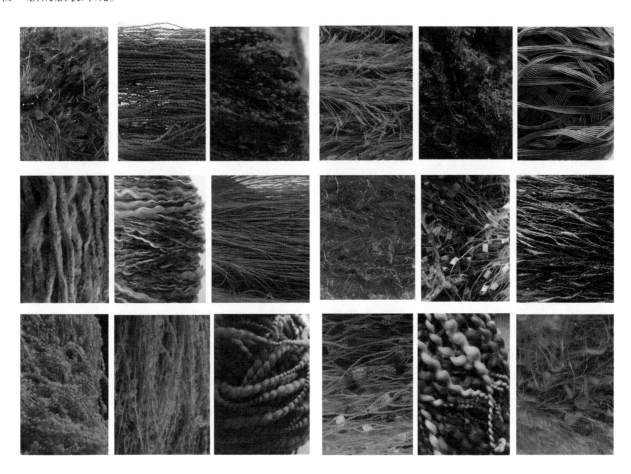

图6-10　丰富多彩的花式纱线

二、面料的二次设计

面料的二次设计指对已成形的面料进行艺术加工、再造的设计，是设计师将不同的设计元素相融合、对话和拼接的过程，最后使其呈现出富有新意的肌理效果和面料风格，也称为面料再造。它不是设计师随心所欲的创作，也不是各种工艺手段的刻意衔接，而是设计师在对已成形面料的观察与分析的基础上，通过丰富的想象，在符合审美原则和形式美感的基础上，通过各种技术及工艺手段对其进行再设计的过程。面料的二次设计需要设计师拥有现代造型观念并能对设计灵感及设计主题进行深化构思和创意表达，采用不同的组织结构及整理、造型等方法，使织物具有崭新的质感和风格。

面料二次设计的方法主要包括：面料的重塑设计、面料的增型设计、面料的减型设计、面料的钩编织设计以及面料的综合法设计等。除这些传统的设计方法外，设计师还可以加入现代纺织高科技元素，科技引领下的面料二次设计使童装面料呈现出极富创意的新面貌，也把现代童装设计推向更为广阔的领域。

（一）面料的重塑设计

面料的重塑设计指改变面料本身的表面肌理形态，使其形成浮雕效果和立体效果，能给予我们强烈的触觉感和不同的心理感受，如粗糙与光滑、轻与重、软与硬等。重塑设计的工艺手法有：皱褶、缩缝、褶裥、凹凸、堆积、扎结、热定型等，通过工艺手法不添加其他辅助材料，而改变面料表面肌理。

面料的重塑设计可以用于童装的整体或局部细节，也可用做独立的装饰物。用于整体的重塑设计能使面料拥有统一的立体感；而用于局部的重塑设计能够使面料产生不同的肌理对比，增加服装的层次感；独立的装饰物能对服装起到画龙点睛的作用（图6-11）。

图6-11　面料的重塑设计产生的立体效果

（二）面料的增型设计

面料的增型设计指在现有的面料上通过贴、缝、挂、吊、补、绣、黏合、热压等方法，添加相同或不同材质的材料，如珠片、羽毛、花边、贝壳、蕾丝、贴花、刺绣、明线、绳带等辅料或肌理不同的面料，使面料产生丰富的肌理和艺术效果（图6-12）。

（三）面料的减型设计

面料的减型设计指对面料或服装成品的表面进行破坏性的设计，使其具有不完整、无规律等艺术效果，可采用的工艺方法有：抽丝、镂空、烧花、烂花、撕扯、剪切、磨洗、破损等（图6-13）。

（四）面料的钩编织设计

面料的钩编织设计指用不同纤维制成的纱、线、绳、带等，通过编织、钩织或编结等编织工艺手法，形成疏密、宽窄、平滑、凹凸等丰富的面料肌理效果，具有强烈的艺术感染力和丰富的层次感（图6-14）。

（五）面料的综合法设计

面料的综合法设计指根据设计需求和形式美感，将上述几种工艺方法综合利用，使面料形成极为丰富的外观，并通过对比、协调等手段将新的、富有变化的再造面料重新呈现出和谐的艺术效果（图6-15）。

图6-12 面料的增型设计

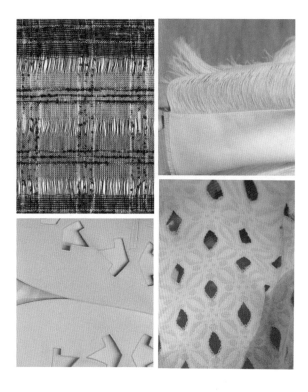

图6-13 面料的减型设计

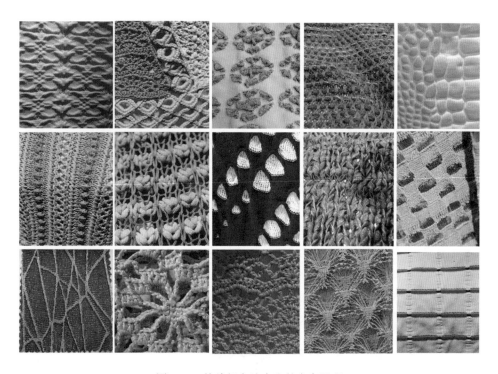

图6-14 钩编织方法产生的丰富肌理

图6-15　面料的综合法设计

本章小结

■　面料是服装款式和色彩的重要载体，儿童皮肤十分稚嫩，抵抗有害物质侵蚀的能力差，因此吸汗、透气、舒适安全、绿色环保等是童装面料的选择标准。

■　童装面料织物主要包括机织面料、针织面料及新型面料三大类。机织面料也称梭织面料，是由两组或多组纱线相互以直角交错而成，具有坚实、稳固、缩水率低等性能，主要运用于儿童的春夏裙装及外套等品种；针织面料是由线圈相互串套连接而成的织物，具有舒适、伸缩性强、保暖、吸湿透气等优良的服用性能，几乎广泛应用于童装的所有品种；新型面料依托于纳米科技、生物科技及信息科技的发展，突出生态环保、舒适性及功能性，大大改善了以往童装以天然纤维为主的局面，使童装面料呈现出更时尚的外观风格。

■　童装的面料品种主要包括棉织物、麻织物、丝织物、毛织物、化纤织物、皮草及皮革等面料。

■　童装面料强调柔软性、透气性、舒适性、安全及健康的选用原则。婴儿装面料强调柔软、吸湿及透气性，特别注重安全和环保，主要以纯棉织物为主；幼儿装材料强调质地坚牢、耐磨耐脏、易洗快干的特点，主要以棉织物及棉混纺织物为主；学龄期及少年期的童装面料可根据设计风格自由组合和搭配，主要以耐磨、耐洗的天然纤维织物及化纤混纺面料为主。

■　面料既是服装实物化的载体，又是服装风格和造型设计的关键，是体现服装设计创新的重要途径。童装面料设计主要体现纱线设计和面料的二次设计两方面，纱线的创新设计能够带给我们更多全新的设计视角和更广泛的设计思路；面料二次设计中的重塑设计、增型设计、减型设计、钩编织设计以及综合法设计等方法是创造服饰新外观风格的重要途径。

思考题

1．选取某几个童装品牌进行市场调研，对其面料品种做调研报告。

2．任选纱线或面料为设计源，进行系列童装设计。

3．根据面料二次设计的方法，创作面料二次设计的小样。

经典品种的童装设计

课程名称： 经典品种的童装设计

课程内容： 儿童日常装设计

　　　　　　针织童装设计

　　　　　　休闲童装设计

　　　　　　儿童家居服设计

　　　　　　儿童校服设计

　　　　　　儿童礼服设计

课程学时： 24课时

教学要求： 1. 了解儿童服装的经典品种。

　　　　　　2. 理解各经典品种童装的设计要点，能够归纳不同品种的童装在设计上的共性和个性。

　　　　　　3. 掌握经典品种童装设计的方法，有针对性地对不同品种童装进行设计。

第七章 经典品种的童装设计

童装种类繁多，基于不同季节、环境和实际生活需要而形成各式各样的童装。有些童装的品种和款式是经常穿用和具有代表性，我们将从不同的角度对其进行探讨，把经典品种童装的设计理论知识应用于实践中。

第一节 儿童日常装设计

日常生活是儿童主要的生活方式，用于儿童日常生活穿用的服装称为儿童日常装，也称为儿童生活装。儿童日常装以舒适、美观、实用为前提，满足儿童在不同的生活空间和环境的需要，适应不同的季节和气候变化。儿童日常装依据季节构成春、夏、秋、冬四季童装，也因气温接近而分为春夏季日常童装和秋冬季日常童装；依据品种主要分为裙装、裤装、衬衫、T恤、夹克、毛衣、大衣、防寒服等。

一、春夏季日常童装设计

春夏季节气候温暖舒适，这个季节是孩子们快乐的季节，是学习和外出游玩的时节。用于春夏季儿童日常穿用的服装应该是轻松、明亮的，它需要和儿童在一静一动、一颦一笑中构成美好的生活景象。

（一）春夏季日常童装设计要点

这个季节的儿童穿着衣物较少，款式、材料、色彩的变化都十分丰富，贴身服装在设计上除了注重健康、环保外，设计三要素要体现出春夏季日常童装设计的特点：

（1）款式造型：以简洁大方为主。领口和袖的设计要能有效调节儿童的体温，如各种造型的无领和无袖的设计、彼得潘领搭配荷叶短袖等。服装廓型多采用A型和H型，不仅能表现儿童天真可爱的个性更能有效遮盖儿童的凸肚。

（2）面料选用：春夏天气逐渐炎热，选择的面料要具备柔软、舒适、透气和吸湿极佳的性能。一般以纯棉面料或具有弹性的柔软轻薄的针织面料为主，年龄稍大的儿童可以穿混纺材料，但都要以保护儿童的身体不受到伤害为前提。

（3）色彩搭配：以明亮干净的色系为主，单纯的白色系列、柔和的粉色系列、鲜艳亮丽的糖果系列都是这个季节必不可少的色彩。

（二）春夏季日常童装经典品种设计

春夏季儿童日常穿用的服装品种较多，主要有裙装、裤装、衬衫、T恤等。

1. 裙装

裙装是女孩春夏季最主要的服装类别。根据裙装的款式和穿用方式有连衣裙、半身裙、背带裙和组合式裙装。裙装设计要以不同年龄阶段女童的体型特征为参考依据，总体造型要有飘逸、灵动、乖巧之感。主要风格有：甜美风格、淑女风格、田园风格、民族风格等。

（1）连衣裙：是将上身和下身连接在一起的裙装。造型变化主要集中在腰节和底摆。腰节有分割断开腰节和连身无断开腰节，分割断开后的腰节有高腰节、中腰节（正常腰节位）以及低腰节；底摆放开与收拢的大小变化与肩、腰构成A型、H型、O型、X型等廓型。值得注意的是无断开腰节的裙装并不是没有腰节，它是通过腰部的放松量和位置的高低来体现，腰节的造型与直线或曲线的廓型组合塑造出不同的裙型。另外，连衣裙的造型因不同面料的质感而变化，硬脆、柔软、飘逸、平整、光洁等肌理极大地丰富连衣裙的造型和风格。在结构和造型上，年龄偏小的女童和体型偏胖的女童适合无腰节裙和高腰节裙，宽松的腰部造型能弱化外凸的腹部；年龄偏大的女童适合穿有腰节的裙装，能较好地勾勒出曼妙的体型。裙身短而蓬开的造型活泼俏皮；裙身长而收拢的造型修长优雅（图7–1）。

图7–1 连衣裙的风格和式样

（2）半身裙：按长短分有长裙、中长裙、短裙和超短裙；按造型分有直身裙、圆台裙、小A裙、灯笼裙等；按结构分有整片裙、两片裙、三片裙、四片裙、六片裙、八片裙等；按工艺分有百褶裙、对褶裙、波浪裙、绣花裙、蜡染裙等；按腰节高低分有高腰裙、中腰裙、低腰裙；按腰头造型分为装松紧带的半裙和装腰裙等。半身裙需要和其他上装搭配穿着，宽松的衬衫搭配小A裙；紧身背心搭配波浪裙；T恤搭配牛仔短裙等组合形式会产生不同的效果。由于半身裙处于下肢的位置而容易因色彩的比例和轻重失去平衡感，所以，半身裙与上装搭配时，在面料的质感、款式尺寸的大小、色彩的分量感上要协调，以求得视觉和心理的平衡和变化（图7–2）。

（3）背带裙：介于连衣裙和半身裙之间的一种裙型。它的造型是在半身裙的基础上加入肩带的造型元素，一是在风格上偏向西洋风格；二是从实用性上具有调节长短的功能。背带裙的肩带是设计的难点和亮点，肩带的结构要符合肩部的形态，同样需要有肩斜量而避免肩带下滑。肩带的造型有宽窄之分，宽肩带配上铜质感的配件有粗犷大气之美；细肩带通过编结等工艺营造出古典气息；工字型的背带裙具有实用性。背带裙内以搭配衬衫、线衣和T恤的形式较多，裙子的材质可以上下统一，也可以有对比变化（图7–3）。

2. 裤装

裤装是儿童日常服装必不可少的品种，一年四季均可穿用。春夏季的裤装面料轻薄柔软，秋冬季的裤装面料厚重密实。裤装按长短分为长裤、七分裤、中裤、短裤、热裤；按造型分为喇叭裤、直筒裤、锥形裤、紧身裤、灯笼裤、背带裤、裙裤等（图7–4）。用于童裤的面料多为全棉织物、棉麻织物和混纺织

图7-2 半身裙式样

图7-3 背带裙式样

图7-4 各式童裤造型

物，常见的有灯芯绒、卡其布、莱卡棉、弹力呢、牛仔布等。

童裤的款式造型要满足儿童的活动需要，不要过紧而束缚身体。腰头的造型要简洁，避免过厚影响舒适性。幼童和小童的腰头为松紧带或罗纹腰方便穿脱，中童和大童的腰头门襟拉链以及纽扣的设计要合理安全，腰头的长短可进行一定的调节能适应快速的生长变化。臀部和上裆要有一定的放松量。裤子的脚口通过翻折形成长短变化。口袋的设计是男童裤装的热点，裤的前后都可设计贴袋、开袋、挖袋和袋中袋，袋的大小和造型能强化裤装的细节，是孩子成长阶段裤装重要的局部款式。

3. 衬衫

衬衫是男童和女童都较为重要的春夏季服装品种。衬衫按袖的长短分为长袖衬衫、中袖衬衫以及短袖衬衫；从风格上分为正式衬衫和休闲衬衫等；从选用的材料上分为棉质衬衫、丝质衬衫、混纺衬衫等；从图案的运用上分为素色衬衫、条纹衬衫、格纹衬衫、花卉衬衫等。

衬衫的实用性很强，可以单独穿用，也可作为里层服装与外层服装搭配穿用。衬衫的造型通过衣身、领、袖的变化产生不同的新造型。衬衫的领型设计尤为重要，主要有衬衫领、无领、立领、普通翻领、复合领等领型；衣身的造型多为直身式和宽松式；袖型有平袖、灯笼袖、泡泡袖、插肩袖等式样，袖山的高低和袖肥的大小以及袖口的造型影响整个袖的形态，也是袖子变化的主要因素；衬衫的口袋在服装整体中起到点缀和平衡的作用；下摆的放开和收拢对衬衫外观造型和穿着的舒适性都有极大的影响。通常情况下，方领配方袋，圆领配圆袋，庄重典雅的领和袖配严谨规整的衣身，活泼随意的领和袖配轻松变化的衣身（图7-5）。衬衫的装饰手法众多，缉线、褶裥、花边、拼接等手法给衬衫增添个性和艺术感。

图7-5 男女童衬衫式样

4. 组合式童装

组合式童装是对各种童装单品进行搭配穿用的一种形式，如：衬衫+马甲+长裤、衬衫+半身裙、T恤+背带裤、连衣裙+小外套等形式。组合式童装形式丰富，可变性强，具有良好的调节作用，特别适合早晚凉爽，中午气温上升的春秋季穿用。其设计的关键是搭配的协调性，要从风格、色彩、形式、比例、材质等方面进行思考，用帽子、手套、丝巾、墨镜、腰带等服饰配件点缀装饰，可形成多种穿着效果，整体感更丰满（图7-6）。

图7-6 春夏季组合式童装的搭配形式

二、秋冬季日常童装设计

天高云淡，秋雨冬来，随着气温逐渐降低，儿童的衣服逐渐增多增厚。尽管秋冬季给人们的感觉有些灰暗、萧条，但在孩子们的眼里，世界永远充满未知和好奇，所以，秋冬季日常童装一样可以多姿多彩。

（一）秋冬季日常童装设计要点

秋冬季日常童装的设计不仅要美观、舒适和安全，还要注意服装的保暖性和耐磨性，在面料、款式和色彩搭配上都需要有层次感和设计感。

（1）款式造型：秋冬季日常童装造型不拘一格，形式多样，但无论是外套、小洋装还是宽大厚实的羽绒服，都应该比成人装设计得简单些，方便孩子自己穿脱。另外，要注意秋冬各种厚薄面料的层次和空间感搭配。

（2）面料选用：总体要求舒适而保暖，婴儿、幼儿和小童的服装面料要把安全性和舒适性放在设计的首位，多使用天然无刺激的棉、羊毛等纤维面料，鉴于孩子的抵抗力比较低，需要厚实点的面料制作；其次，年龄稍大的孩子可以穿呢料、皮革以及混纺面料的服装等。

（3）色彩搭配：秋冬季日常童装的色彩相对于春夏季日常童装的色彩要饱满厚重些，重色和亮色要相互调节，避免过于沉闷和轻飘。

（4）服饰配件：在服装整体搭配上加入帽子、围巾、手套等配饰能起到保暖和装饰作用。

（二）秋冬季日常童装经典品种设计

秋冬季童装主要有：外套、大衣、棉袄、羽绒服等外套类，还有连衣裤、背心裙等。

1. 外套

外套是秋冬季日常童装必不可少的服装，它穿在外层，因此，在服装整体中处于重要位置。

（1）夹克：是男女儿童均可以穿着的短外衣，是一种衣长较短、胸围宽松、紧袖克夫、紧下摆式样的上衣，外部造型有膨胀感，在领口、袖口、底摆等地方可有针织罗纹；门襟分为拉链式、按扣式、搭门式。

夹克根据季节分为单夹克、衬里双层夹克和绗缝棉夹克、皮夹克等。夹克通常选用斜纹布、帆布、牛仔布、皮革等耐磨结实的面料，部分面料还有涂层，能防风防雨。夹克的风格划分主要在领型设计上，小立领夹克简洁时髦；立翻领夹克休闲自如；翻领夹克搭配拉链摇滚时尚；暗扣毛领夹克温暖防风（图7-7）。

（2）风衣：是一种防风雨的薄外套，比较适合大龄儿童初春、初秋穿着。款式一般有两种，分有过肩的风衣和无过肩的风衣，过肩在分割中属于横线分割，可以突出肩部的线条，儿童穿着显得精神有朝气。前后过肩多采用双层，有的在前后片上面加一段肩覆，既增加肩部的牢度，又有防雨御寒功能。整体造

图7-7　儿童夹克造型

型上有束腰式、直筒式、连帽式等，领、袖、口袋以及衣身的各种分割线条也纷繁不一，风格各异（图7-8）。儿童风衣和成人风衣相比较有自己的特点：一是以短款和中长款为主，方便孩子活动；二是面料和里料多选用透气性能较好的棉质类材质；三是色彩的运用自由，不受限制，传统的米黄色、米白色或深大地色系、跳跃的红色、明亮的黄色、涂鸦色等都可能在儿童风衣中出现。

图7-8　儿童风衣式样

（3）派克服：是衣长至膝盖以上的外套，一般带有连身帽，款式为前开襟，开襟处通常配有襻式搭扣或套结纽扣，在面料选用上常常会使用机织的涂层面料、涤纶缎纹面料、混纺面料、较厚实的粗纺斜纹面料和硬挺的牛仔面料以及针织面料等，款式多为H型，简洁大方，舒适休闲，是儿童秋冬季常穿着的外套服装之一（图7-9）。

图7-9　儿童派克服式样

2. 大衣

大衣是秋冬季日常童装中最普遍的服装，大衣适合各个年龄段的儿童秋冬穿着。在造型上大多使用上宽下窄的A型和直身的H型，大衣的领型有大翻领、立领、翻驳领、戗驳领、双层假领等各种款式，门襟有单排扣、双排扣。面料多采用毛纺织面料、混纺面料、防水锦纶面料、厚实粗呢纺织面料等。男童大衣的色彩一般会选择藏青色、墨绿色以及各种高级灰和有深浅色彩变化的格纹。女童大衣色彩可以偏明亮和欢快，适应儿童的年龄特征。结构设计上分连身式和断开式，袖窿和肘部可以适当加大衣片放松量以方便儿童活动。口袋在秋冬季节有很强实用性，在大衣衣片上叠加和进行分割，赋予大衣更丰富的结构和内部细节变化，它可以是贴袋、暗袋、嵌线口袋等，款式随意，造型大方（图7-10）。

图7-10　儿童大衣式样

目前，我国儿童大衣存在着价格偏高，款式设计比较老套等问题，因此，在进行儿童大衣设计时，应多作一些调研，了解实际需求，设计上要多方位思考，避免设计一成不变（图7-11）。

图7-11　儿童大衣设计

3. 棉服

棉服是以棉花或腈纶棉等为填充物制作而成用于防寒的服饰，也是儿童秋冬季必不可少的外套服装。棉服分为初冬穿着的夹棉服和棉袄两种：夹棉服是初冬的时候，天气还不太冷，穿一层夹棉的服装刚好抵御天气的变化，稍冷的时候，穿着加厚的棉袄，会更加保暖（图7-12）。夹棉服在款式上跟夹克和普通羽绒棉服相近，在夹棉服中夹棉多为腈纶棉。而棉袄填充物可以是腈纶棉，也可以是棉花等，外层和内穿面料有两种，一种是里外都是全棉的面料，穿着柔软舒适；还有一种是内层用棉布或涤棉布，外层用涂层面料或熔喷法非织造过滤布等新型面料，能防雨抗风，但透气性较差。

图7-12　儿童棉服式样

4. 羽绒服

羽绒服是儿童秋冬季的服装，是严寒地区儿童秋冬季的必备品。羽绒服是以鸭绒、鹅绒等填充物制作的服装，穿着蓬松柔软，轻便舒适，有极佳的保暖性能。羽绒服的款式造型要留有儿童着装的活动量，在腰部、肩部加大放松量来方便儿童活动和多穿一些衣物，袖口和底摆多用罗纹收口来增强保温效果。款式设计中需注意：儿童羽绒服的款式设计不能过于臃肿，一是影响穿着的美观性，二是影响儿童的活动；另一方面，用于防止填充材料不匀而绗缝的走线要与儿童体型和服装款式相得益彰（图7-13）。

羽绒服面料应具备防钻绒、防风及透气性能，其中尤以防钻绒性能至关紧要。防钻绒性能的好坏，取决于所用面料的纱支密度。目前市场上销售的羽绒面料以尼龙塔夫绸和涤棉布为主，一般纱线密度在230tex以上，250tex为最佳。另外，羽绒服中的填充物——鸭绒或鹅绒，一定要选用合格的材料，否则将危害儿童的身体健康。

无论是白雪皑皑还是灰蒙蒙的冬日里，色彩亮丽的儿童羽绒服和欢歌笑语的孩子总能构筑成美丽的风景，驱走严冬的冷漠，这也是为什么儿童羽绒服色彩总是鲜艳明亮的原因。

5. 连衣裤

连衣裤指上衣与裤子连为一体的服装。由于它上下相连，对人体有较好的密封性，同时对婴幼儿身体没有束缚而成为幼龄儿童秋冬季常穿的服装。它放开婴幼儿的腰部，保护肚脐不受凉，穿着舒适自如。款

图7-13 儿童羽绒服款式变化

式多为圆领、V领或连帽领；根据不同的穿用季节分有长袖、短袖、无袖式样，无袖式背带裤通常侧面开襟，长袖多用插肩袖方便孩子上肢的活动；连衣裤的开口设计有前开襟至裆部和裆底横开的形式，使用四合扣方便婴幼儿换尿布，冬季可以在袖口、脚口位置使用罗纹收口，保暖抗寒；结构设计上是要给连衣裤的裤裆放低和适当放肥大些，比普通裤裆加深的量是为满足儿童穿着连身裤下蹲弯曲的活动，横裆的加放量是为能放入尿布；婴儿连衣裤主要采用全棉针织面料或是弹力平纹针织面料，如厚平纹针织面料，绒棉针织面料，小水花棉布等；以柔和干净的浅色系为佳（图7-14）。

图7-14 儿童连衣裤式样

6. 背心裙

秋冬背心裙是女童连衣裙的一种，一般使用较厚的毛纺织面料、全棉布、化纤混纺面料和牛仔布等制作。背心裙搭配在针织毛衣、衬衫等上衣外面以及厚重的大衣、羽绒服外套的里面，根据具体款式、面料来装扮出不同风格和不同着装效果。背心裙有高腰、中腰、低腰之分，在款式上可设计成直筒裙、蓬松公主裙和百褶裙等样式，增加秋冬服装的厚重感和层次感（图7-15）。

图7-15　杜嘉班纳女童背心裙造型

7. 组合式童装

组合式童装设计是将儿童日常秋冬季穿着的服装品种进行整体的搭配，使之在购买时就可以配套使用。秋冬季通常把毛衫、牛仔衬衣、羽绒服、棉服、大衣、背心裙等单品之间进行搭配，还可以把不同类别的服装按照不同风格搭配在一起呈现出多种效果，比如蕾丝衬衫搭配毛呢外套和公主裙就有了甜美淑女风格；把T恤、毛衣与牛仔外套搭配就有了休闲风格。总之，组合式童装可以根据不同需求，把服装交叉搭配穿着，加以适当的配饰，呈现出多种效果和多种穿法（图7-16、图7-17）。

图7-16　秋冬组合式童装呈现的多种穿着效果

图7-17　秋冬组合式童装设计

第二节　针织童装设计

针织童装作为一个单列的品种，是因为针织童装发展迅猛，种类齐全，服用性能良好。

针织物根据正反面分为单面针织物和双面针织物；针织物按生产方法分为经编针织物和纬编针织物；针织物按组织结构分为原组织针织物、变化组织针织物、花色组织针织物和复合组织针织物，其中各大类又包含许多具体的织物组织，如纬平纹组织、罗纹组织、集圈组织等。

针织童装是对针织工艺直接编织成型的童装、用针织面料缝制而成的童装和针织面料与其他材料搭配制成的童装的统称。针织面料具有质地柔软、吸湿透气、优良弹性与延伸性的特点，所以在童装中使用非常广泛。它经典的品种有儿童毛衣、儿童针织外衣、针织T恤、儿童针织内衣、儿童针织配饰等。

一、针织童装设计要点

基于针织面料的特性，在进行针织童装设计时要注意以下的设计要点：

（1）款式设计：由于面料具有较大的弹性，在围度上的放松量要根据款式作调整，相对于机织面料的放松量小或没有放松量；部分针织物有卷边性和脱散性，因而分割造型要适度；边口是针织服装别具一格的造型，强调边口的处理方式会加强针织童装的形式感。

（2）面料选用：要符合设计需要，针织服装面料的组织结构是影响服装外观风貌的重要因素，在设计中要充分考虑。

（3）装饰手法：要考虑针织面料的特性，织物肌理稀疏的针织服装不宜装饰较重的饰品以免引起服装的变形；弹力较大的针织面料不适合采用针脚密集的刺绣，否则会影响织物的回弹性，造成与周围织物不平服的现象。

（4）辅料选择：要与面料的强度、弹性、缩水率保持一致。

二、针织童装经典品种设计

（一）儿童毛衣

儿童毛衣是用毛型纱线通过线圈串套编织成的衣服。它美观大方，舒适性好，既可以单独穿着，也可与内层和外层衣物搭配穿用，具有使用季节广，搭配灵活，经济实用的特点。

儿童毛衣根据编织方式分为手工编织和机器编织。在过去较长的生活中，妈妈给孩子编织毛衣是那时期最主要的制作方式，如今，横机、圆机、电脑提花机等各种编织设备的涌现，促进了毛衣品种多样化和高效生产，但同时也缺失了手工编织的乐趣和情感。

儿童毛衣多采用羊毛、兔毛、马海毛、全棉、丝棉等原材料，将原材料按不同的纺纱工艺纺制出的纱线外观有较大的差异性，如普通毛线、特细毛线、特粗毛线、花式纱线等。特别是花式纱线，它在形状、色彩、材质、手感等方面的改变赋予毛衣不同凡响的新奇感，给毛衣注入了更多时尚的元素。儿童毛衣的款式主要有开衫和套头衫两大类。款式与组织结构交相辉映：简单的式样可突出组织结构的肌理感；平整细腻的组织结构搭配经典的毛衣式样或独特的款式造型皆可；不同部位的组织结构设计不但要花型美观还要考虑穿着的舒适性和方便性，如领口、袖口和底摆设计为罗纹组织，能方便穿脱且防止卷边，还能使毛衣具有独特的外观。儿童毛衣的图案设计形式多样，各种针法编织出特有的立体纹样：正反平针编织出凹凸状的条纹、格纹、菱形纹等图案；交叉针编织出麻花辫图案；收针放针编织出的立体点状图案等，而提花和嵌花能形成丰富的二方连续纹样或单独纹样（图7-18、图7-19）。

图7-18 儿童毛衣的组织结构和式样

图7-19　儿童毛衣设计

（二）T恤

T恤的中英文都保留了"T"字母，是对T恤外观最为形象的说明和标注，而"恤"的英文"shirt"最先为男士用服，而后才用于女装和童装之中。如今，T恤是儿童春夏季最常穿用的服装类别。儿童T恤多用单面平纹、双面平纹、珠地、提花等全棉、棉混纺、真丝和化纤混纺等针织面料制作而成，具有手感好、透气性强、弹性好、吸湿性强等服用特点，穿着舒适随意，美观大方，深受家长和儿童喜爱。

儿童T恤造型简洁，以翻领和圆领为主，有长袖和短袖之分，袖结构多为平袖和插肩袖。儿童T恤设计的重点在其图案和装饰性上，图案的视觉冲击力和在服装中的部位是T恤的点睛之笔，图案的形式广泛，与儿童生活相关的题材更能得到孩子们的喜爱，如故事中的卡通人物和动物的图案。同时图案的创意要新，与人体结构和服装款式的结合巧妙能起到旧瓶装新酒的效果。另外，图案的装饰手法应因材而定，因造型需要而产生，例如，天然面料的T恤可以直接手绘或用水性染料印染，还可以用蜡染和扎染进行加工。其他的图案装饰手法有刺绣、贴布绣、珠绣、缎带绣、印花、发泡等，使童装的图案具有强烈的装饰情趣（图7-20）。

图7-20　儿童T恤中图案的装饰性

（三）儿童针织内衣

内衣是紧贴人体的"第二层肌肤"，儿童皮肤娇嫩，选择合适的内衣会给儿童人体营造一个舒适的小环境，有利于健康成长。针织面料良好的服用性能符合儿童内衣设计要求，广泛应用于儿童内衣设计中。春秋季儿童内衣面料可选用针织罗纹棉布和针织棉毛布；夏季儿童内衣面料可以选用针织汗布；冬季儿童内衣面料可以选用针织棉毛布、毛巾布和针织绒布。内衣款式造型设计应讲究舒适、安全，以简洁、方便为主，根据不同的季节，针织内衣的款式也应有所不同。夏季儿童多运动、散发汗液，在领口设计上多为无领，尽可能的放低加大，容易透气；袖口、脚口设计根据季节不同可以设计为宽口和罗纹口；冬季领口要相对缩小、加高，袖口、脚口多为罗纹口，弹性较大便于穿着和保暖。儿童内衣色彩以干净柔和的颜色为主，小碎花、小圆点等清新可爱的图案以及卡通图案多运用于儿童内衣设计中（图7-21）。

图7-21　儿童针织内衣

（四）儿童针织外衣

针织服装的发展过程是从内衣到外衣，针织技术的发展给针织服装外穿带来更多的可能，上装、裤装、裙装、套装精彩纷呈，极尽可能地完善了儿童针织外衣的品种。

儿童针织外衣的面料注重外观风貌，各种新材料编织出极具美观性和功能性的面料是进行儿童针织外衣设计的源泉，如提花织物、摇粒绒、毛圈布、拉绒布等。针织外衣面料应具有良好的尺寸稳定性，因此，面料组织结构大多紧密结实，不易变形，如经编针织物、衬纬针织物、衬经针织物等，同时还要讲究色牢度、色彩感和耐洗、耐穿性。款式造型要时髦多变，不拘一格，在一些装饰和形态需要固定的部位可以搭配其他材料，如在领口、门襟、前胸、后背和口袋等部位用皮革、灯芯线等面料进行拼接，既可起到加固防止变形的作用，又可美化服装，营造多样的针织风格（图7-22）。

图7-22　各种风格和款式的儿童针织外衣

（五）儿童泳装

泳装是儿童游泳或在日光浴时穿用的紧身服装。泳装面料要有很好的弹性和回弹性，与人体穿着后要紧贴身体，原料主要有杜邦莱卡、锦纶、涤纶，大多采用经编针织物制作泳装。

儿童泳装分为女童泳装和男童泳装。女童泳装的式样主要有一件式的连体泳装和两件式的组合泳装。连体泳装基本款式为圆领背心式或交叉式，组合泳装分为比基尼式和背心加三角形裤衩或平角短裤的组合形式（图7-23）。男童的泳装分为上下连体式和平角裤衩两种。儿童泳装的造型多用斜线和曲线分割来展示体型美和运动感。日常游玩穿用的泳装经常运用花边装饰，色彩鲜艳醒目，图案以花卉、抽象的几何图案为主。

图7-23　女童泳装的造型变化

（六）儿童针织配饰

儿童服装中的配饰绝大多数选用于针织材料。儿童针织配饰与针织服装或儿童其他服装搭配使用，是童装的必备用品，有较强的装饰性和实用性。它主要包含针织帽、针织围巾、针织手套、针织袜等（图7-24）。

图7-24　各种针织配饰在童装中的应用

各类儿童针织配饰要有个性和共性，也就是说每一件配饰都应有自己的特色，与童装整体搭配时又要有呼应关系。针织帽、围巾、手套经常以配套的形式出现，它们之间在材质、色彩、装饰手法上要保持一致性；针织袜有长短之分，花色品种繁多，特别是长裤在四季都可以和服装随意搭配，穿出不同的效果来。

第三节　休闲童装设计

休闲是人的一种思想和精神状态，是人们以保持平和宁静的态度来感受生命的快乐和幸福。在孩子们的眼里，他们的世界是无拘无束、快乐无比的，休闲的着装也是还原他们童真生活的一种方式。儿童休闲装代表类别主要有牛仔童装系列和休闲运动装系列，牛仔童装包括牛仔外套、牛仔裤、牛仔衬衫等；休闲运动装包括从事各种户外活动的服装。

一、休闲童装设计要点

与其他童装种类相比较，休闲童装设计应从以下几个要点入手：

（1）设计理念：休闲童装设计要能体现现代儿童舒适随意的生活理念，不但要从形式上体现服装的休闲风格，还需结合儿童内心的生活态度去诠释休闲的内涵。

（2）款式设计：款式要比常规童装造型随意宽松，大口袋、拉链、缉明线、襻带等是典型的细节款式。

（3）装饰手法：多以水洗、扎染、分割、拼接、绳带等手法突出休闲风格。

（4）面料选用：将舒适性放在首位。

（5）色彩搭配：暖灰色系、大自然色系、怀旧色系等是休闲童装的主要色彩。

二、休闲童装经典品种设计

（一）牛仔童装

牛仔童装是儿童休闲装中有代表性的类别。儿童生性活泼好动，牛仔布耐磨、耐脏，服用性能良好，外观风貌多样，因而非常适用于儿童服装且休闲感十足，在儿童着装中占用的比例位居前列（图7-25）。休闲风格的牛仔童装主要体现在服装的设计细节上，例如，明缉线、双缉线等具有牛仔特色风格的设计；多种类型口袋的混搭组合；皮标、金属质感的配件等都是牛仔童装中休闲风格的体现。牛仔童装多用结实的劳动布、粗帆布、斜纹棉布、经丝光整理的棉与再生纤维混纺的缎纹牛仔布制作，不同的季节可选用厚薄不同的牛仔面料。牛仔面料还可以通过改变面料肌理来体现个性和时尚性，如水洗、做旧处理、酶洗、扎染、套染等，这些常用的手法改变了牛仔面料的外观、手感、色彩，能产生斑驳、粗犷、硬挺、不羁、怀旧等效果，让更多的设计灵感闪现而促进牛仔服的发展，甚至颠覆人们对牛仔服的基本印象。

图7-25　牛仔面料广泛应用于童装设计之中

1. 牛仔外套

牛仔外套是春秋季儿童出游玩耍经常穿着的服装，它整体造型精神干练，衣长到腰围线上下，造型大多为直身式的H型，结构上一般在肩部使用育克设计，多用面料拼接、缉明线和双线处理塑造"西部牛仔"形象。领设计为可竖立、可翻转的立翻领，既实用又帅气，稍大儿童的牛仔外套还可以在领角加入铆钉或图案装饰，在前胸、后背、袖口、肩部等多个地方加入图案设计或特殊面料拼接来增强牛仔外套的休闲感和个性。口袋设计以贴袋、插袋居多。服装内部结构的分割设计是牛仔外套的经典形式，服装结构巧妙藏于纵横交错的线条中，包缝工艺使用结实的粗棉线，不仅让牛仔外套有型有款，同时产生粗犷结实之感。另外，牛仔元素的多元化和设计视点的不同，也形成了牛仔外套不同的造型风格，时而粗犷时而雅痞时而摇滚的牛仔外套能满足视觉的各种需求（图7-26）。

图7-26　不同风格和造型的牛仔外套童装

2. 牛仔衬衫

　　牛仔衬衫和儿童春秋季普通衬衫款式造型基本类似，但由于使用的面料不同，使得牛仔衬衫的用途更加广泛，在款式细节上表现出不同的形态。用于单独穿用的儿童牛仔衬衫，面料一般要经过水洗和酶洗处理而变得柔软一些，适合各年龄层儿童穿用；用于穿在T恤外面的衬衫，衣身要略长和宽大点，通常以敞开的方式穿着，以显得轻松潇洒，特别适合春季和早秋时节穿用。面料的耐磨性是牛仔衬衫的特点，还有双缉明线的处理、流行的刺绣图案装饰、面料的水洗、扎染、蜡染等怀旧风格处理也越来越多的出现在儿童牛仔衬衫中（图7-27）。

图7-27　儿童牛仔衬衫

3. 牛仔裤

牛仔裤是牛仔服装中最具代表性的着装，与牛仔外套共同构成最初的"西部牛仔"形象，几乎每个儿童都拥有不同数量的牛仔裤，由此可见它受欢迎的程度。儿童牛仔裤根据长度分为牛仔长裤和牛仔短裤。牛仔长裤在造型上有直筒裤、喇叭裤、宽腿裤、小脚裤、灯笼裤等；牛仔短裤一般在膝盖以上，以直筒和宽腿为主，是春夏儿童着装搭配中必不可少的裤装单品（图7-28）。多口袋和袋中袋是牛仔裤标志性造型，以坦克袋、立体袋等大袋和新奇的口袋造型塑造时尚休闲的个性风格。前后育克既简化了结构线条，又使臀部造型丰满有型。双缉线、皮标、襻带、金属配件等元素加强了牛仔裤风格塑造，装饰感也由之而来。

图7-28　童装中的各式牛仔裤造型

另外，儿童牛仔裤的设计要在强调牛仔的风格和保持牛仔装特性的同时，还要考虑儿童这个对象，过紧、过硬的结构并不适合设计在儿童牛仔裤中。它和成人牛仔裤比要宽松些，不能有束缚感；小童的牛仔裤腰头的里层最好不要用厚实的牛仔布制作，采用轻薄又耐用的布料穿着起来更舒适。

4. 牛仔裙

牛仔裙是女孩从幼儿到中学时期都常穿的服装，它结合了牛仔的硬朗帅气和裙装的方便实用而别具风格。牛仔裙根据长度分为牛仔长裙和牛仔短裙，牛仔长裙从款式造型上又分为背带牛仔裙、背心牛仔裙等多种样式，短裙有直身短裙和A型短裙。在细节装饰设计上，牛仔裙可以采用拼贴、分割、贴布绣等多种方式来变化设计，搭配衬衫、毛衣、T恤、小外套等显得轻松时尚（图7-29、图7-30）。

（二）休闲运动装

运动装一般指专用于体育运动竞赛或户外体育活动穿用的服装，而休闲运动装是满足现代人穿着的运动感和适应于简单的户外活动时穿着的服装。随着全民运动的开展和儿童喜欢适时运动玩耍的特点，具有运动功能而又美观大方，穿着轻便随意的休闲运动装成为越来越多儿童日常穿着的服装。儿童休闲运动装一般是在户外运动装或体育运动装中延伸出来的儿童运动装系列，其款式种类繁多。如从美国街头文化

图7-29　女童牛仔裙式样

图7-30　女童牛仔裤、裙设计

中流行起来的滑板运动所穿的滑板裤，一度成为少年追求的时尚款式，这类裤子的尺码会比一般裤子大很多，裤管宽松，有多个口袋，还有襻带装饰，整体随性、休闲，有运动感。儿童休闲运动装的设计要将休闲和运动两个主题结合考虑，突出多层式、封闭式、防护式的款式特点。特别注意面料的防水、防风、保暖与透气功能，而在贴身穿着一般要使用有弹力、能顺利排汗、保证体温的化纤织物来方便运动。儿童轮滑、打球等穿着的服装要注意面料的耐磨性和耐脏性，口袋部分最好要使用拉链、纽扣等密封性较好装置来确保运动时东西不会滑落，在外套的肘部、肩部要加大放松量来确保活动的顺畅，并用特殊面料加固。色彩选用上，除耐脏的灰色系，也可以使用偏亮的迷彩色系，大胆活泼、富有朝气的色彩都不失为休闲运

动装的色彩搭配。休闲运动装与发汗带、太阳镜、运动鞋、板鞋、棒球帽、运动手套等配件搭配，能完美
演绎休闲运动风格的同时，还有将功能发挥到极致（图7-31、图7-32）。

图7-31　儿童休闲运动装的造型

图7-32　大童休闲运动装设计

第四节　儿童家居服设计

随着人们生活品质的提升，童装的分类明显细化，各种用途的儿童服装与日俱增，儿童家居服逐渐成

为儿童生活中的重要品种。

儿童家居服是儿童在家中休息和睡眠时穿用的服装，是童装体系里较为特殊的一个品种，它将服装框定在家的范围内，融合了家的各种温情元素，凝聚了对家的眷恋，无形中影响孩子爱家的情愫，给予儿童舒适的居家感受，因此，儿童家居服的设计不仅要从常规设计中寻找灵感，同时也要从心灵深处搭建情感的纽带。

一、儿童家居服设计要点

儿童家居服多贴身穿用，所以设计要将安全、健康、舒适放在第一位。体现家居着装的要求和特色，在强调儿童这个着装对象下，儿童家居服设计体现出以下设计要点：

（1）款式造型：设计要宽松随意，简洁美观，避免过多的分割或拼接影响与皮肤接触的舒适感。

（2）面料选用：要体现绿色环保，无毒无味，柔软、吸湿、透气等亲肤性是儿童家居服选用的原则，同时在耐洗性和耐唾液以及色牢度上要符合国家安全标准。

（3）色彩搭配：以适合家的装修风格和各年龄段儿童的生理和心理需求，以柔和可爱，素雅干净的颜色为宜。

（4）服饰配件：安全无隐患，装饰多以平面装饰为主，避免尖锐的立体配件。

二、儿童家居服设计

儿童家居服经典品种有：睡裙、睡衣套服、起居服等。

（一）睡裙

睡裙是女童主要的家居服装，用于入睡前和睡眠时穿着。无领或小翻领和长至膝盖以下的宽松睡裙是其基本式样，直身式和小A型的睡裙通常受到女童的喜爱。一般睡裙采用全棉和丝质面料，具有良好的手感和悬垂性，前后育克分割加上细褶让睡裙包裹身体的能力更强，使身体和服装、服装与被盖之间产生良好的关系。在不同季节，款式由吊带裙、短袖裙、长袖裙来共同构成睡裙的变化。袖窿的结构要适当调整，袖窿和袖肥需要增加一定的量，袖山高较低，插肩袖和平袖让睡裙的功能性更优良。领口不要太小，一般以半开襟的闭合方式而方便穿脱，口袋和领口以及袖口用同色或异色面料进行滚边、嵌条等装饰手法是不错的设计。运用温馨可爱的圆点、爱心、小碎花等图案能打造甜美的睡裙风格，荷叶边、棉质花边、丝质蕾丝、缎带等装饰物点缀其间，满足每个女孩成为小公主的愿望（图7-33）。

图7-33 女童睡裙式样

（二）睡衣套服

儿童睡衣套服是睡衣和睡裤组合穿用的服装，适合每个季节穿用，相对于不同季节的睡衣套服面料有

图7-34 儿童睡衣套服式样

厚薄之分。睡衣套服的款式以直身宽松型为主,女童的睡衣多在前胸有直线或半圆弧的育克分割线,同时在胸前抽细碎的褶裥,形成宽松的衣摆式样。衣领可设计为无领和平领,口袋以贴袋为主,门襟以前通开襟的式样居多,纽扣要选用扁平的造型,以防止纽扣与身体顶压伤及皮肤,年龄小的儿童还可用系细带和用暗扣等闭合方式。儿童睡衣套服的色彩设计首先要适合各年龄段的生理特征,其次还需考虑与家装色彩和就寝环境的颜色协调,营造和谐惬意温馨的睡眠空间,有利于愉悦儿童的心情,提高睡眠质量(图7-34)。

（三）起居服

儿童居家除睡眠外,在入睡前和起床后一般需要穿用起居服。起居服是穿在睡衣外面,是外出服和睡衣之间的过渡居家服装,它的造型以方便穿脱的开合式中长袍和衣裤套服的式样为主,腰间多系带,常用带帽领、青果领、蝴蝶领,面料相对于睡衣要厚一点,各种厚的真丝锻、绒型布、毛巾布、绗缝棉布等适合制作起居服(图7-35)。

图7-35 儿童起居服的造型变化

儿童起居服的设计除传统的设计理念外,应该结合现代生活方式来思考,在讲究现代家装风格的潮流下,用于家装内穿用的起居服与家装风格和元素要有机结合,从而形成完整的家居文化是值得研究和运用的。比如儿童家装是欧式风格,那么儿童的起居服就可以设计为丝绒长袍;如果是古典风格的家装,起居服设计在色彩和图案的选用上就可用各种曲线形的花卉来协调统一。

第五节　儿童校服设计

儿童在成长的过程中，教育从以家庭为主转变为以学校为主，校服也就成为儿童在学校穿着的服装，它包含了各个学习阶段的校内制服和活动服。为培养儿童的集体意识，规范儿童的行为习惯，突出学校的校训特色，塑造学校的文化形象而统一定制穿着的服装，具有整齐性、标志性的特征，也在一定程度上展示出儿童的学习态度和精神风貌。

校服根据不同的年龄和学习阶段分为小学生校服和中学生校服。

一、校服设计要点

在基于校服穿用的特定环境和学生的着装身份下，校服设计必将与其他种类的服装设计有非常大的差别化，它体现在：

（1）款式设计：校服造型应具有严谨大方、统一规范的风格，不能过于华丽或繁琐，要体现儿童淳朴真挚的本性，也要能顺应时代的发展，使儿童容易接受。

（2）面料选用：多选择便于运动、富有弹性的面料，具备耐磨性、透气性较好的涤棉、纯棉、粗呢、各式混纺毛料等面料。

（3）色彩搭配：要给人清新典雅的印象，不宜采用强烈的对比色调，以免绚丽的色彩分散学习的注意力。

（4）服饰配饰：校服上应有校徽标志，男女学生校服之间要有关联性，校服配饰包括肩章、领结、领带、帽、书包、袜以及鞋等。

二、儿童校服设计

（一）小学生校服

小学阶段的儿童以学校集体生活和学习为中心。这个阶段的儿童在身体和身心上都未发育完善，可塑性大，接受知识能力强，智力发展快，理解力稍差，对自我的行为控制能力较弱。女童的心智发育较男童的心智发育早，因而她们更注重服装的美观性。小学生校服设计应表现儿童积极向上，勤奋好学，团结友爱和有纪律、朝气蓬勃的精神面貌（图7-36）。款式要简洁大方，方便穿脱，袖长、裤长的设计可通过卷边的形式加放以适应儿童快速的生长发育。另外，成套系的校服设计能满足不同季节间的灵活搭配，同时能穿出不同的效果（图7-37、图7-38）。

图7-36　小学生校服

图7-37　时尚风格的校服设计

图7-38　小学生校服设计

（二）中学生校服

中学时期是指初中到高中阶段的时期，是从童年走向成熟的过渡阶段。儿童在这一阶段要经历青春发育期的生理巨变，有着特殊的心理特点。此阶段男生和女生性别差异逐渐增大，体型也逐渐接近成人，他（她）们对新鲜事物充满兴趣，追逐流行，有自己独立的思考能力和鉴赏能力。虽然他们大部分时间是在校内学习和生活，需要穿着校服，但由于此时心理处于较为波动的时期，也是对周围事物较为敏感的时期，因而对美和流行的追求热烈而执著，所以，中学生校服的设计需与学校这个特定的环境协调，考虑此阶段儿童心理和生理需求的特点，适当加入一些流行元素（图7-39）。

中学生校服的款式设计要端庄大方，线条利索优美，男女生服装外轮廓和分割设计要利于塑造青春健美的形象，细节设计符合学习和生活需求。一般女生为上衣下裙的组合，男生为上衣下裤的形式，根据不同的季节还可搭配马甲、开衫、大衣。色彩的运用以纯色为主，以不同深浅的明度对比和鲜亮的颜色点缀变化。校服的风格多用英伦的学府风格，条纹和格纹图案的面料搭配纯色面料既简单大方又有节奏感，能让校服富有青春气息。恰当的服饰配件能很好地烘托校服的整体性和标志性，如韩国校服中的徽章和领带是必不可少的重要元素，领结、领带或领花还能凸显在校学生彬彬有礼的形象，通过校服约束和规范儿童的行为。用于中学生校服设计的面料要性能良好，环保安全，健康经济，具备耐洗和耐穿以及保型性好的混纺织物面料是不错的选择（图7-40）。

图7-39　中学生校服里的时尚元素运用

图7-40　中学女生校服

第六节　儿童礼服设计

儿童礼服是儿童出席各种隆重而正式的场合穿着的服装。比如参加交响音乐会、主持大型节目、作为婚礼小花童等典礼仪式的着装，具有正式、庄重、典雅、华丽等特征。儿童礼服由欧洲贵族儿童的着装演变而来，因此，儿童礼服有明显的欧式风格倾向。

近年来，随着收入和生活水平的提高，儿童礼服逐渐发展，受到生产商与消费者的重视，无论从设计、质量或品种多样性上都得到较大幅度地提升。

一、儿童礼服设计要点

儿童礼服与其他种类的童装比较，在艺术性上有更高的要求，它表现在以下方面：

（1）设计准则：儿童礼服的设计要以满足穿用目的和穿着环境为前提，强调礼服的装饰性和艺术性，体现穿衣礼仪和文化。

（2）款式造型：以A型、H型、X型和S型为主，内分割线条与结构设计要巧妙，能衬托出儿童体型美感。

（3）面料选用：要具备一定的质感，如华丽典雅的缎、细腻光亮的绸、柔软丰厚的呢面料等。面料肌理再造是儿童礼服设计中常运用的手段。

（4）色彩搭配：以色泽高雅为主；图案多采用花卉和几何纹样。

（5）工艺及细节：儿童礼服工艺精良，讲究细节变化，常以缎带、蕾丝、花边、刺绣、珠绣等装饰手法点缀来增加儿童礼服的艺术感；配饰是儿童礼服的一部分，蕾丝手套、缎带蝴蝶结、呢料小礼帽等配饰要引起设计师足够的重视。

二、儿童礼服设计

由于男童和女童的礼服式样差别较大，下面将从这两方面进行设计讲解。

（一）男童礼服

男童礼服式样以打领结或领带，内穿衬衫、马甲，外穿西服套装的组合形式为其基本式样。男童礼服设计的重点在于细节变化和层次搭配上。细节的变化体现在衬衫领、袖口、前胸、门襟、开衩和衣摆等部位，例如，衬衫领中领面的宽窄变化；领角的方圆变化；领面材质与衣身材质的对比变化等。服装层次的搭配是男童礼服设计的亮点，前胸V区中的色彩深浅搭配；面料的肌理对比；形式错落有致构成生动的服装语言（图7-41）。除此之外，用于礼服的衬衫适当可以加入装饰元素，如褶裥和袖扣的运用等。马甲

图7-41　男童礼服式样

和西服的式样要合身，剪裁利落，小童的西服廓型以宽松为主，中大童的西服可有适当的收腰处理，门襟有单排扣和双排扣之分，领型有平驳头、戗驳头和青果领，配以不同粒的纽扣形成西服的款式变化。男童礼服的色彩以黑色、暗红色、深褐色为主，白色的西服和燕尾服也别具一格。面料多为薄型斜纹呢、法兰绒、凡立丁、苏格兰呢等。

（二）女童礼服

　　女童的礼服以裙装为主，有连衣裙和套裙两种形式。礼服裙的式样丰富，主要有A型和X型，小童的礼服廓型以A型居多，裙长至膝关节上下的裙装既显得大方文静，又能表现出小女孩的乖巧可爱；X型的裙装多为少女期的女童穿用，造型沿用西欧的传统风格，合体上衣配以宽大的泡泡袖，收腰的长裙饰以蕾丝花边或荷叶边，裙摆较大，旋转时呈伞形，腰间系扎缎质蝴蝶结。女童礼服十分注重装饰性，常用细褶、细裥、缎带、蕾丝、花边、蝴蝶结、胸针、立体花等装饰礼服。女童礼服的色彩可五彩艳丽，也可素色高雅，只要能很好与着装者和环境协调既可。另外，精美的头冠、鞋、小包、手套、礼帽等配套设计能更好地形成系列感，强化礼服的着装效果（图7-42）。

图7-42　女童礼服式样

本章小结

　　■　用于儿童日常生活穿用的服装称为儿童日常装，也称为儿童生活装。儿童日常装以舒适、美观、实用为前提，满足儿童在不同生活空间和环境的需要，适应不同的季节和气候变化。春夏季儿童日常穿用的服装主要有裙装、裤装、衬衫、T恤等。款式造型以简洁大方为主，领口和袖窿的设计要能有效调节儿童的体温；服装廓型多采用A型和H型；面料的选择要具备柔软、舒适、透气和吸湿性极佳的性能；色彩的选用和搭配以明亮干净的色系为主。秋冬季日常童装主要有大衣、棉袄、羽绒服等。面料要舒适而保暖，婴儿、幼儿和小童的服装面料要把安全性和舒适性放在设计的首位；款式造型不拘一格，形式多样，但应比成人装设计得简单些，同时要形成各种厚薄面料搭配的层次和空间感；色彩饱满厚重，暗色和亮色要相互调节；加入配饰能起到保暖和装饰作用。

■ 针织童装是用针织工艺直接编织成型的童装、用针织面料缝制而成的童装和针织面料与其他面料搭配制成的童装的统称。针织面料具有质地柔软、吸湿透气、优良弹性与延伸性的特点。针织童装主要的品种有儿童毛衣、儿童针织外衣、针织T恤、儿童针织内衣、儿童针织配饰等。其款式设计要简洁，围度的放松量要根据款式作调整，分割造型要适度，边口是针织服装别具一格的造型；针织服装面料的组织结构是影响服装外观风貌的重要因素；针织童装在装饰手法上要考虑针织面料的特性；针织童装辅料的选择要与面料的强度、弹性、缩水率保持一致。

■ 儿童休闲装代表类别主要有牛仔童装和休闲运动装。设计要能体现现代儿童舒适随意的生活理念，需要从形式上和生活态度上去诠释休闲的内涵；款式要比常规童装造型随意宽松，大口袋、拉链、缉明线、襻带等是典型的细节造型；多以水洗、扎染、分割、拼接、绳带等手法突出休闲风格；面料的选用以舒适性为首；暖灰色系、大自然色系、怀旧色系等是休闲童装的主要色彩；利用有特色的服饰配件能较好地修饰完善儿童休闲服装的风格。

■ 儿童家居服是儿童在家中休息和睡眠时穿用的服装。儿童家居服的设计要将安全、健康、舒适放在第一位；款式造型要宽松随意，简洁美观，避免过多的分割拼接；面料的选用要体现绿色环保；色彩以适合家的装修风格和各年龄段儿童的生理和心理需求，以柔和可爱、素雅干净的颜色为宜；服饰配件要安全无隐患，多以平面装饰为主。

■ 校服包含各个学习阶段的校内制服和活动服，起到培养儿童的集体意识、规范儿童的行为习惯、突出学校的校训特色和塑造学校形象的作用，具有整齐性、标志性的特征。校服造型要严谨大方、统一规范，不能过于华丽或繁琐，要体现儿童淳朴真挚的本性和顺应时代的发展；色彩要给人清新典雅的印象，不宜采用强烈的对比色调；面料以便于运动、富有弹力、具备耐磨性、透气性较好的材料为宜；缝制工艺要牢固；校服上应有校徽标志，男女学生校服间要有关联性，校服配饰包括肩章、领结、领带、帽、书包、袜以及鞋等。

■ 儿童礼服是儿童出席各种隆重而正式的场合穿着的服装，具有正式、庄重、典雅、华丽等特征。儿童礼服的设计要能满足穿用目的和穿着环境，强调礼服的装饰性和艺术性，体现穿衣礼仪和文化。款式造型以A型、H型、X型和S型为主，内分割线与结构设计要巧妙；面料要具备一定的质感，面料肌理再造是儿童礼服设计中常运用的手段；色彩以色泽高雅为主；图案多采用花卉和几何纹样；儿童礼服工艺精良，讲究细节变化，常以缎带、蕾丝、花边、刺绣、珠绣等装饰手法点缀来增加儿童礼服的艺术感；配饰是儿童礼服重要的部分。

思考题

1. 思考日常童装有哪些代表性服装并结合具体服装理解其设计点。
2. 理解休闲的生活方式在童装设计中的意义。
3. 融合一种家装风格和元素设计一组大童起居服，用效果图表现，附上设计说明。
4. 设计一组4~6岁儿童系列牛仔服装，用效果图表现，附上面料小样和工艺说明。
5. 分别设计小学生校服和中学生校服各一套，用效果图表现，并绘制正背面款式图。

绿色童装设计

课程名称：绿色童装设计

课程内容：绿色童装概述

　　　　　绿色童装设计的途径

课程学时：8课时

教学要求：1. 了解绿色童装对现代生活的意义，理解绿色童装
　　　　　　的内涵和特征。

　　　　　2. 掌握绿色童装设计的内容和要领，能够根据设计
　　　　　　对象和设计目的进行绿色童装设计。

第八章 绿色童装设计

绿色代表和平，绿色代表希望，绿色代表生命，绿色代表纯洁，绿色代表万物复苏，绿色代表蓬勃向上。绿色是21世纪健康生活的体现。绿色童装设计是在"以儿童为本"的绿色理念指导下，以对生命的尊重设计成的服装，它是在常规童装设计基础上延伸出更为宽泛的设计形式，有重大的现实意义。

第一节 绿色童装概述

一、绿色童装产生的背景和意义

据报道，我国儿童用品到2012年市场规模超过千亿元，童装每年增幅约为16.7%，在儿童用品中年均增幅最大且占市场总规模份额最多。统计资料显示，在儿童疾病伤害中，劣质儿童用品致病因占5%以上，特别是童装面料中甲醛超标现象的普遍存在，成为儿童健康的最大杀手之一。

众所周知，服装是由面料、款式、色彩、图案等要素构成。其中，材料是服装实物化的基础，款式是服装变化的根本，而色彩是表达情感最有效的手段，图案丰富了服装的外观。这些构成要素在设计和生产过程中，或多或少地会破坏服装的安全性，并造成环境污染。材料在生产的过程中，加入大量含甲醛的染色助剂和树脂整理剂，以达到防皱、防缩、阻燃等作用，还起到可以保持印花、染色等持久性的目的。如果服装使用的化学试剂控制在一定的标准内并通过相关部门的检测，那么服装是相对安全的，但是很多厂家使用甲醛含量极高的廉价助剂，能生产出色彩斑斓的面料，以满足人们的视觉感观追求，印染中使用的偶氮染料能诱发癌变，采用甲醛、卤化物载体、重金属会使许多人的健康岌岌可危。还有些设计师不了解孩子的生理特征，一味追求服装造型的时尚性和个性感，设计的童装款式过紧，束缚孩子的身体而影响发育，选择过硬或吸湿性、透气性极差的材料制作童装，配件不够卫生和安全，会破坏呼吸系统和循环系统的正常运行，甚至会影响到孩子的生命。服装企业生产过程排放的污水以及旧衣物的处理对环境的污染等。这些现象正发生在身边，我们需要健康的生活，健康的环境，一切美的追求都应是在健康的基础上才能体现其真正的价值。

随着社会经济的发展和人们生活水平的提高，人们的生态意识、健康意识日益增强，消费观念发生着深刻的变化，全球掀起一股绿色消费浪潮，绿色设计应运而生。当今"绿色"概念已进入纺织服装领域，尤其是童装行业。绿色童装的出现，是对不合格童装设计和生产的否定，是人类进步和文明化程度的标志。它不但要求服装专业人员掌握绿色童装设计的内容，也需向所有的消费者普及绿色知识。

二、绿色童装的基本特征

绿色童装是以保护儿童身体健康，使其免受伤害为目的，具有无毒、安全的优点，而且在使用和穿着时，给儿童以舒适、松弛、回归自然、消除疲劳、心情舒畅的纺织品。

　　童装绿色设计源于常规设计，且高于常规设计。常规的童装设计是将服装的实用性、美观性放在重要的位置，而绿色童装必须符合一般绿色产品的形象，在常规童装的基础上兼顾舒适、安全的设计思想，拥有无危害、无污染、循环使用等特征。具有安全性、美观性、功能性、环保性的绿色属性（图8-1）。

图8-1　具备绿色特征的童装

（一）安全舒适性

　　安全性是绿色童装的重要特征。它主要体现在童装面料安全无毒，装饰无危险，颜色符合年龄特征等方面，绿色童装传递出尊重儿童身心，充分考虑儿童着装环境，强调款式的方便性和服饰配件安全合理性的人文关怀情感。

　　绿色童装的舒适性包含面料手感柔软、透气、吸湿性好、环保无刺激，穿着轻松舒适；服装款式造型无束缚感，服装结构合理，适合儿童健康地生长发育。

（二）美观性

　　美的童装使人愉悦，美对儿童而言有神奇的魔力。它熏陶着孩子的心灵，提高孩子的审美能力，让孩子在愉快的氛围里成长，这对孩子的身心有极大的好处，也能较好地促进孩子良好性格的形成。

（三）功能性

　　绿色童装的功能性是在常规童装基础上发展而来的，它实现了服装的一些特殊需求，从而体现出服装的科学化和人性化。

（四）环保性

环保性是所有绿色产品的标志。绿色童装在面料选择、款式设计、生产环节和服装回收等方面都体现环保性。它要求面料原材料的选择要对身体无害，或可对其降解处理和回收再循环利用，生产过程对环境无污染，款式设计可延长使用周期等。

第二节　绿色童装设计的途径

绿色童装设计是在童装产品的生命周期过程中，在"以儿童为本"的绿色理念指导下，从儿童的健康、安全、舒适出发，以关爱生命、节约资源、保护环境为主旨，生产出无污染、有利于儿童健康、穿着舒适的儿童服装。它是服装与儿童、自然、社会之间关系的重新审视，是在技术与艺术、功能与形式、环境与经济等联系之中寻求一种适宜的平衡和优化，最终向人们呈现具有生态美学价值的童装。

任何服装都是由材料、款式、色彩三要素构成，绿色童装同样也是通过这三要素来展示。

一、材料

材料是服装的载体。绿色材料是绿色童装的基础，虽然绿色材料不一定能构成绿色童装，但绿色童装设计首先要选择绿色材料。

绿色童装材料与传统童装材料的最明显不同之处在于它赋予了童装材料对儿童优异的安全保护性能和环保性能。它能使儿童的身体免受各种物理机械或化学伤害，使儿童身心愉悦、健康成长，同时材料的生产和使用过程中对生态环境的副作用小或无副作用（图8-2）。

图8-2　绿色童装材料具有良好的服用性能和环保性能

我国2008年10月（FZ/T81014—2008）正式实施的《婴幼儿服装标准》，是规范童装的行业标准，也表明国家对童装安全的高度重视。标准规定婴幼儿服装产品的术语和定义、号型规格、要求、检测（测试）方法、检验分类规格以及标志、包装、运输和储存等技术特征，涉及的主要考核项目有：外观质量、水洗尺寸变化率、耐洗色牢度、耐唾液色牢度、耐汗渍色牢度、耐水色牢度、耐摩擦色牢度、衣带缝纫强度、纽扣等不可拆卸的附件拉力、可萃取重金属含量、纤维含量偏差、甲醛含量、pH、可分解芳香胺染料和异味等。和以往的儿童服装标准相比，新标准明确服装中砷铜、甲醛等含量的具体标准，这是为保护婴儿体质的强制性条款。例如，铜含量不得超过25mg/kg，甲醛含量则必须小于等于20 mg/kg。

（一）绿色童装材料的开发

专用童装面料的缺乏一直是阻碍童装设计的一个主要因素。绿色童装面料开发，需要以新的标准和技术来适应市场的需要，满足绿色童装实现造型和功能多样性的目的。例如，具有抗静电、防辐射、抗菌、透气、保健功能等特点的面料，它们会在一定程度上符合消费者对安全、健康型童装面料的需要；另外，一些进行特殊缩水、固色以及柔软处理的天然面料在童装面料中也占有一席之地。

（二）绿色童装面料和辅料的选用

童装的材料包括面料和辅料。面料是主体材料，辅料一般包括里布、衬布、填絮料、缝纫线、纽扣、拉链、绳带、花边等。绿色童装材料的选择除考虑到传统设计过程的柔软、透气、吸湿、耐磨因素外，还考虑到安全因素，如对耐洗涤色牢度、耐唾液色牢度、甲醛含量、偶氮染料等有害物质含量进行限定，不同的设计目标，选材的侧重点不同。归纳起来，有以下基本原则：

（1）童装选材必须首先满足材料的安全性能，避免使用过于粗糙，有尖锐的棱角、突起的面料和辅料；避免使用包含重金属的辅料；避免使用有害物质含量超标的材料。

（2）所选材料要满足儿童服装的功能和所期望的使用寿命。

（3）应考虑到材料对环境的影响。优先选用易加工且在加工过程中无污染或污染最小的材料；少用短缺或者稀有的原材料，减少使用非再生材料，优先采用可再生材料；减少童装中的材料种类、重量和体积等。

二、款式造型

绿色童装的款式造型应将安全性、舒适性、美观性、功能性几个方面相结合考虑。

（一）安全性

许多服装设计师和家长对于童装面料的安全性有一定的了解，而对于服装款式的安全性却知之甚少。儿童在发育过程中，婴儿和幼儿阶段喜欢咬拽衣物，因而服装的款式和服饰配件设计部位就显得尤为重要。调查显示，在因服装引起的事故中，有48%是由于纽扣吸入鼻孔或吞入纽扣等小饰物而造成，有12%是饰物划破皮肤，致死的原因多为带绳状物。

绿色童装的款式设计应以简洁大方为主，尽量少金属、少饰品。设计时不仅要考虑各年龄阶段儿童的心理和行为特征，还要考虑服装在各种情况下的机械危害，包括失足、滑倒、摔倒、呕吐、缠绊、裂伤、血液循环受阻、窒息伤亡、勒死等。婴幼儿服装的拉链两端需要用柔软的面料进行包裹而避免伤到皮肤。服装的商标或洗唛最好设置在表层或烫印在面料上。婴幼儿套头衫领口展开（周长）尺寸不得小于52cm。服装的风帽和领不得设计、生产或使用拉带、绳索。幼童服装上的打结腰带或装饰性腰带在未系着状态时不应超出服装底边。大童和青少年服装的风帽和颈部的拉带不允许有自由端。童装上的绳带外露不超过14cm。印花部位不要含有可掉落粉末和颗粒。绣花或手工缝制装饰物不要有闪光片和颗粒状珠子或可触及性锐利边缘等（图8-3）。

图8-3　绿色童装在款式上突出安全性

（二）舒适性

　　童装的舒适性指儿童在穿着服装时有轻松、自然、舒服的感觉，要方便孩子的活动。在款式设计上，服装要保持一定的余量，结构合理，既要避免服装过于紧小而产生束缚感，影响穿着的舒适性和健康，也不要过于肥大和过长，让孩子不够精神和防止意外发生。婴幼儿服装尽量减少分割线，领最好是不带底领，领口略大一点方便穿脱，也利于孩子在运动过程中保持舒适感。袖设计可多采用连袖和插肩袖，以方便孩子上肢的活动（图8-4）。总之，款式的舒适性需结合服装的用途和穿着者的年龄特征来思考。

图8-4　绿色童装款式让孩子舒适自如

（三）美观性

美观性是绿色童装不可忽视的组成部分。穿着搭配和谐，款式新颖独特，总能让人爽心悦目。造型美和健康美相得益彰是对绿色童装外观的诠释。设计中我们需要延续常规服装设计对造型美的重视，还需要在童装的安全性和舒适性的约束下，从儿童审美角度展开想象空间，自由创意，运用对比与调和、对称和均衡、节奏和韵律等形式手法，通过穿插、重叠、呼应等关系发挥最大限度对美的表达（图8-5）。

图8-5　新颖美观的绿色童装给人以愉悦的感受

（四）功能性

绿色童装的功能性是未来童装设计的流行趋势。它来源于生活的实际需求，以独特的创意和科技手段实现。例如，防滑婴儿袜采用特殊工艺，在底部粘上小块梯胶，宝宝穿上后可以防止学步时站立不稳而滑倒；又如，可调节温度的童装，通过调节温度和湿度能让服装适应不同的环境和气候；无爪扣婴儿服装，无论是打开还是合上，摸上去都仿若无物，免去家人的担忧。另外，运用并行工程的原理设计出的可变化大小和组合式童装，通过组合设计、系统设计，将一系列标准组合件以不同的组合方式整合，从而获得完全不同的产品功能，以适应儿童在不同成长期对产品功能的不同要求，实现产品的"成长"，一件等于多件。对儿童本身而言，满足其喜新厌旧的心理；对家庭而言，又经济实惠又节省空间；对社会而言，延长了产品的使用寿命，减少资源的浪费，降低对环境的影响。

三、色彩

我们对于世界的认识首先是从色彩开始，而不是形状。它表达着设计师的情感和给人以丰富的联想和强烈的视觉感受，在绿色童装设计中也具有特定的科学内涵和审美情趣。

童装色彩对视觉有着极强的冲击力，让孩子产生丰富的想象力和获得美的感受，它潜移默化地影响儿童身心，伴随着他们的成长，对儿童健康和安全有不可估量的作用。绿色童装的色彩设计是以重视关心儿童身心为基础，探索色彩对不同年龄段儿童心理和生理影响，遵循视觉美观性、心理适宜性以及环境协调性原则，为儿童呈现出五彩斑斓的童装世界。

（一）视觉美观性

马克思说："色彩的感觉是一般美感中最大众化的形式"。绿色童装的色彩美表现在：一是单纯的色彩美，如从服装的颜色联想到湛蓝宁静的天空，火红的太阳，五颜六色的花朵等美好的事物而产生愉悦的心理；二是色彩的搭配美，服装中色彩的冷暖、鲜灰、明暗、轻重、大小以及位置等要素，在对比、呼应、节奏、强调等手法下营造和谐变化的配色美（图8-6）。一切美的色彩以及和谐的色彩搭配都给予儿童以美的感受。

图8-6　具有色彩美感的童装

（二）心理适宜性

儿童专家研究表明，0~2岁婴幼儿的视觉神经尚未发育完全，在此阶段不可用大红大绿等刺激性强的色彩去伤害视觉神经，此外婴幼儿的皮肤娇嫩，服装色彩最好以纯度较低的粉色系为主，如粉红、粉蓝、嫩黄等色彩，这不仅能避免染料对皮肤的毒害，还可衬托出婴幼儿清澈的双眸和粉滑的皮肤。3~4岁儿童已能初步辨认红、橙、黄、绿、蓝等基本色，但对混合色、近似色的辨认还比较困难。在服装色彩的选用上可适当增加混合色和近似色的使用，有助于孩子认识并区分色彩。4~6岁儿童已能认识基本色、近似色，并能正确地说出黑、白、红、蓝、绿、黄、棕、灰、粉红、紫等颜色的名称。这一年龄段的儿童喜爱鲜明纯净的色彩。鲜亮、活泼的色彩有利于儿童的智力发展，以自然界缤纷的色彩作为童装色彩设计的借鉴，对丰富儿童想象力、培养创造力很有帮助，使儿童通过所穿着的服装更好地获得自然感受。较大的儿童对色彩有一定的偏好，服装色彩的设计既要尊重孩子的个人爱好，也要对孩子的性格弱点进行调节（图8-7）。

图8-7 基于不同年龄段儿童心理适宜性的童装色彩搭配

（三）协调环境性

回归自然是绿色的主题，孩子们从自然环境中获取知识和快乐，温馨的自然色彩环保而舒适。泥土的颜色、沙石的色彩、丛林的色系等自然色都是绿色童装中常用的色彩，一些天然不经染色的面料与自然贴近，一切是那么的和谐美妙（图8-8）。

图8-8 协调于环境设计的童装

除此之外，色彩在特定的环境下要起到保护儿童的作用。如孩子的雨衣和上街外出的服装宜选用鲜亮醒目的色彩，便于引起行人和车辆的重视和警觉，从而减少和避免交通事故的发生。

本章小结

■ 绿色童装设计是在"以儿童为本"的绿色理念指导下，以对生命的尊重设计成的服装，它是在常规童装设计基础上延伸出更为宽泛的设计形式，是对不合格童装设计和生产的否定，是人类进步和文明化程度的标志。

■ 绿色童装是以保护儿童身体健康，使其免受伤害为目的，具有无毒、安全的优点，而且在使用和穿着时，给儿童以舒适、松弛、回归自然、消除疲劳、心情舒畅的纺织品。

■ 绿色童装设计源于常规设计，且高于常规设计，是在常规童装的基础上兼顾舒适、安全的设计思想，拥有无危害、无污染、循环使用等特征。具有安全性、舒适性、功能性、环保性的绿色属性。

■ 绿色童装材料能使儿童的身体免受各种物理、机械或化学伤害，具有良好的服用性能和环保性能，使儿童身心愉悦、健康成长，同时材料的生产和使用过程中对生态环境的副作用小或无副作用。

■ 绿色童装的款式应将安全性、舒适性、美观性、功能性几个方面相结合考虑。强调设计从儿童的生理特点和心理需求出发，以符合人体工程学的适度空间为目标，并使服装具备一定的"调节和组合"功能，使儿童穿着舒适美观，满足儿童身体和精神的需求，促进其身体机能的健全发展。

■ 绿色童装的色彩具有特定的科学内涵和审美情趣。以重视关心儿童身心为基础，探索色彩对不同年龄段儿童心理和生理影响，遵循视觉美观性、心理适宜性以及环境协调性原则，为儿童呈现出五彩斑斓的童装世界。

思考题

1. 什么是绿色童装，绿色童装对现实有何重大的意义，其服装具有什么特征？

2. 试比较常规童装与绿色童装的相同点和不同点，以图表形式对其进行分析。

3. 请任意选择一款童装进行绿色分析，根据服装的类型和穿用对象，总结该款童装在面料选择、款式设计、色彩搭配等方面的设计创意。

4. 请分别为1~3岁和4~6岁的儿童各设计一组绿色童装，用效果图表现，附上面料小样和设计说明。

系列童装主题设计

课程名称：系列童装主题设计

课程内容：童装主题与系列设计
　　　　　系列童装主题设计的步骤

课程学时：12课时

教学要求：1．了解主题的含义，理解主题在童装设计中的作用。

　　　　　2．掌握系列童装主题设计的流程，能够科学合理地设计
　　　　　　各个环节的内容，并具备从构思到成品的制作能力。

第九章　系列童装主题设计

围绕主题展开的系列童装设计是对设计师综合能力的检验。系列服装是通过有关联的设计因素将服装以成组（套）的形式出现，具有强烈的视觉冲击力，起到全面表达设计主题思想，突出设计风格的作用。系列童装主题设计从确定主题开始，是实现童装造型、结构和制作工艺环环相扣的设计过程，最终完成实物化的整体设计。

第一节　童装主题与系列设计

童装的主题设计是在对主题深入理解的基础上，运用系列设计手法，是所有元素构架组合后所传达出来的设计理念。

一、主题

主题是一种命题或题目，它可以是一个字或词、一句话、一段文字，也可以通过一首诗、一支歌、一幅画来表达。主题是设计创作要表达的主要内容，是服装的核心，有主题的设计作品就如有了灵魂。童装设计主题常运用于企业设计和各类童装大赛中。

（一）主题与童装企业

大多数服装企业在每一季的产品计划中，都会以主题来突出本季服装思想。主题设计之所以成为各服装品牌设计部的常用方式，是因为服装企业发现创意成为高附加值的来源，创意就成为竞争的焦点之一，而确定主题的过程则是将创意集中化、具象化过程，因此这个环节显得格外重要。鲜明的主题为设计师团队指出明确的设计方向，为整个设计过程理清思路，所有的设计都将围绕主题产生。没有主题引导的产品之间没有联系，只是散乱的个体。在设计开发工作结束之后，主题还为将来的产品销售奠定良好的推广基础。产品上市后，同一主题的产品可以形成整体的气氛，便于零售陈列。

主题除对童装企业具有上述作用外，针对童装的着装对象——儿童而言，主题更能贴近他们的生活，拉近和孩子们的距离。有鲜明和情趣感的主题服装，会让儿童喜爱甚至着迷。韩国童装品牌贝贝熊（Paw in Paw）通过男主人公Bee Bee Bear和女主人公Po Po Bear每季度的旅行获得创作灵感，专为2~11岁的孩子设计最喜欢的主题，让服装充满童趣，深受孩子们的喜爱。铅笔俱乐部2014年春夏以唐朝诗人白居易的《大林寺桃花》这首诗里描写春天的意境为主题，打造出孩子在姹紫嫣红的春天里纯真、烂漫的造型（图9-1）。

图9-1 铅笔俱乐部2014春夏以描写春天的诗歌为主题的系列童装设计

（二）主题与童装赛事

各类童装设计大赛，都会先公布设计主题，选手们从主题涵盖的各个角度积极思索，梳理主题与服装之间千丝万缕的关系来确定服装的造型以及风格。通过服装款式、材料、色彩、图案等语言的组织，选择不同的题材诠释主题。2013年首届"中国·织里"全国童装设计大赛以"童梦"为主题，遴选优秀的童装设计人才。赛事得到多所服装专业院校的支持，以及设计团队、企业设计师、个人设计师的积极参与。其中围绕主题以不同题材的《望远镜》《糖果城堡》《积木A裙》《COS西游》等童装设计作品具有主题鲜明，童趣盎然，创意独特而获奖。第十六届"中华杯"童装设计大赛以"发现世博色彩"为主题，入围作品将世博会元素与时尚设计相融合，入选大赛的30个系列童装结合世博会色彩和创新意识，集中向我们展示富有时代感的童装风貌。

二、主题与系列童装设计

系列指某一类产品中具有相同或相似的元素，并以一定的次序和内部关联性构成各自完整而又相互联系的产品或作品形式。系列童装设计是童装品种丰富化以及品牌完整化的设计。它应用系统化的思维形式、设计程序和美学法则，通过选择材料、结构设计与裁剪和工艺缝制等过程来完成系列产品。

通常情况下，童装发布会上，设计师都以多个主题的系列产品来演绎下一季童装的流行趋势和设计师对新的系列服饰的设计理念。这些系列包括款式系列、色彩系列、品种规格系列，消费者会从不同主题系列中感受到差异的惊喜，又可以从同一主题系列产品中感受易于搭配的便利。而童装设计大赛也是在突出主题思想下要求以系列的形式完成。例如，将于2014年举办的第二届"中国·织里"全国童装设计大赛征稿中明确大赛主题为"童谣"，作品首先要求就是参赛作品符合大赛主题，每个系列五套。"甲虫屋杯"首届中国（虎门）国际童装网上设计大赛，以"创新力量"为主题，作品需要贴合大赛"创新、正能量、原生态、时尚、实用"的宗旨，体现2013年或2014年国际流行趋势，设计创新，有商业价值和市场潜力，必须是童装，设计完整的系列化及服饰配套，每个系列五套。可以说，系列设计无论是在商品的设计或展示还是设计师创意的表达上都是诠释主题最好的方式，主题是一个好系列设计的精髓所在，它会使你的设计独一无二和颇具个性。

第二节　系列童装主题设计的步骤

系列童装主题设计的过程是从理解主题或确定主题开始，设计者运用各种思维方式对设计元素进行创意组合，将设计思维通过绘画的形式表达出来，选择恰当的面料，通过合理的结构和工艺来支撑设计效果，最终完成从设计到成品的过程。

一、理解或确立系列童装主题

童装主题设计的核心是对主题的把握，它可以是先主题后题材，也可是先题材后主题。先主题后题材是针对童装企业或各类童装设计比赛以及主题训练展开。设计者要充分理解主题的含义，将与主题相关的内容在头脑中逐一排列出来，思考以何种题材表现主题，当题材确定下来后，需要通过查找资料或调研，尽可能将其内涵和外延展开。在头脑搜索的过程中有设计灵感闪烁时，设计者要以文字、图片或手稿等形式快速记录，因为有些灵感稍纵即逝，而这些灵感很有可能形成独特的创意。在这个过程中需要注意的是，虽然我们要尽可能以新奇的角度去诠释主题，但切不可跑题偏题，如果是参加比赛，无论作品是多么出色优秀都无缘获奖。先题材后主题的设计往往是设计者受某种物体、思绪或者某个事件等因素的影响而生成设计主题，例如，到海边度假看见金色的沙滩，蔚蓝的大海，成群的鱼儿，愉快的畅游，这些景象和情绪在头脑中形成海的设计主题。先题材后主题相对于先主题后题材更容易产生设计灵感，而先主题后题材对设计者的应对能力和把控能力要求更高（图9-2）。

图9-2　以星空为设计灵感的系列童装主题设计

当对主题的表现方式和形式感逐渐明朗起来的时候，设计者需要调动各种设计元素积极向它靠拢，使设计语言更贴近主题。以何种质感的面料来丰富服装，用什么款式来塑造廓型，搭配哪些颜色来表达情感，同时对元素间的主次关系、空间感、层次感要有统一协调的驾驭能力，使系列童装的设计不但要有整体的系列感，也要使各套童装之间有差异性。

二、系列主题童装设计思维的表达

任何设计都需要传情达意，需要将思维构思的结果表达出来。合格的服装设计师必须具备将设计理念和头脑中的所思所想表现在纸上的能力。它能生动准确地传达你的设计思想，给人直观的视觉和心理印象。

（一）构思绘制设计草图

草图是设计的开始，当设计师头脑中有初步的设计概念形成时，设计草图便是记录设计思维的内容，促使其快速生成为设计形象的手段。可以说，设计草图是有经验的设计师常常随手开展的工作（图9-3）。当系列设计的主题确定下来，表达主题的题材和方式形成具体的形式感后，设计师需要绘画设计草图体现对设计的各个要素进行延伸与组合的设想和计划，无论是从大的廓型到小的细节都可以入画，需要尽可能地多画出设计方案，从中挑选出最佳的设计构思。系列童装主题设计需要把握主题的鲜明性和系列感，设计草图的绘制正是完成设计构思成熟化的过程。

（二）绘制设计效果图

设计效果图是在完成设计草图的基础上，对构思方案确定后进行的下一步工作，它将从多方面对设计构思进行细化并使其清晰生动地展示出来。系列儿童主题设计的效果图是将设计的系列童装通过儿童着装后的效果绘制出来，因此，绘制中需要对儿童的动态、童装细节、着装效果、绘制方法等进行斟酌，通过最为贴切和艺术化的绘画手段展示出设计者全面准确的设计思想（图9-4）。通常设计效果图是设计比赛

图9-3　设计草图

图9-4　设计效果图

至关重要的环节，有的学生因为设计效果图的绘制能力较差或是效果图没能准确生动地传达出设计思想而无缘后面的角逐，同时对于进入复赛选手来说它也是制作样衣重要的依据。

（三）绘制款式图

款式图也称为平面图或工艺图。它一般不需要绘制人体，是对服装设计效果图的补充和说明。款式图按照人体的比例关系来表现，需要绘画出系列童装正背面的服装款式，细致准确地描绘服装的结构关系和工艺特征，确保打板师和工艺师能根据款式图开展工作（图9-5）。

图9-5　童装款式图

（四）选择面料小样

面料小样是将用于设计中的各种类型且肌理纹样具有代表性的小块面料黏贴在设计效果图上的环节，是系列主题童装设计中对面料的思考和运用，是进行必要的展示以及权衡童装设计总体效果的参考样本。

（五）编写设计说明

系列主题童装设计应有相关的文字说明和主题名称，是将设计者围绕主题展开的设计思想和内容通过简明扼要的文字加以说明。它主要包括主题名称、中心思想、灵感来源、设计对象、设计特征、工艺要求、面辅料种类等内容。

三、童装结构设计与纸样制作

结构设计是实现童装造型从平面到三维转化的技术条件。系列童装主题设计的对象为儿童，因而结构设计必须在以儿童的体型特点为结构设计依据下结合款式和面料特征进行考虑。科学合理的结构设计能较好地支撑和完成服装设计效果，也让服装穿着后具备舒适的性能。

（一）童装结构设计的方法

童装结构设计的方法与成人装结构设计方法相同，主要有比例裁剪法、原型裁剪法和立体裁剪法。比例裁剪法是对服装重要部位的尺寸进行控制，其他部位通过推算进行结构绘制的方法，具有制作简单快速，适合制作款式变化小，对服装尺寸要求相对低的童装。如制作基本款式的儿童衬衫、直筒西裤、直筒裙以及喇叭裙等。原型裁剪法是在原型的基础上进行各种变化，适合从内衣到外套所有服装的结构设计。现代童装结构变化丰富，原型裁剪法进行童装结构设计是现代运用最为广泛的结构设计方式。立体裁剪法是将坯布披挂在人台上直接进行裁剪造型获取结构的方法，适合制作款式变化奇特，尺寸要求较高的童装，如儿童礼服和表演服等的制作。在系列童装主题设计中，不同的服装造型其结构也不尽相同，根据系列童装中各服装的款式特点和要求，选择恰当的方法进行结构设计是保证设计效果和提高制作效率的因素之一。

（二）童装结构设计原理

从0～16岁，儿童的体型一直处于生长发育的变化过程，童装的结构设计也必须要适应儿童的体型变化，同时，由于男女儿童体型发育的差异，在不同款式的服装中结构变化的侧重点也各不相同。

1. **基于儿童体型下的经典品种童装的结构设计**

针对幼童腹凸明显，是典型的凸腹后侧体；中童体型呈筒状，腹部的突起随着年龄的增长而逐渐变得不明显；大童的胸廓开始发育，腹部也逐渐趋于平坦，胸凸超过腹凸等的体型特征下，服装款式在结构设计上有相应的结构设计变化。

（1）不同年龄阶段的儿童上衣在结构上主要处理是前后侧缝差以达到衣身平衡。幼童时期，侧缝差是作为肚省存在，随着年龄增加，侧缝差的数量不断减少，又逐渐变化为胸省。所以，在腰身的处理上，幼童的服装在腹部一般不做收入处理，甚至需要在前身做展开，其肚省的处理多采用底边起翘、前袖窿下挖、分割转移等方式。中童服装如果要有收腰的效果，一般也仅在侧缝处收入较小的量，而且收腰的位置一般会处于腰节线以上较高部位，以容纳突出的腹部，同时在肚省处理上，除与幼童处理方式相同外，还可以采用收省等方式组合处理。大童的合体服装收腰在腰节线以上，除在侧缝处收入一部分尺寸，还可以在前后衣片上设腰省，以适应由肚省减小带来的腰部松量。女童进入12岁以后，胸部开始发育，此时开始需要逐步考虑采用胸省来修正，结构上更多地采用立体的纸样设计，逐渐与成人服装靠拢。

（2）裤装是男童和女童共有的服装品种。由于在八岁后男女逐渐显出体型差异，因此在裤装结构中区别变化比较明显。男童虽然从小到大生长发育变化明显，但只是尺寸上的比例变化，人体形态变化不大，因此男童整个儿童时期可以采用一个裤型。而女童体型变化非常大，从圆形变成挺胸、细腰、丰臀的曲线形态，因此其裤型变化较大。从放松量来说，男女童腰围和臀围的机能性加放量与成人相似，同时受运动、季节及款式影响而变化。总体结构上，男童服装结构上更多的考虑运动功能，女童则倾向于造型功能。另外，由于身高增长的影响，在结构上必须增加长度上的生长预留量，所以多会做出裤脚口翻边的造型或者在放缝份时增加裤口折边加宽的形式。

（3）裙装是女童特有的服装品种，其款式变化丰富，穿着风格各异。由于每一年的体型变化都很大，加之需要预留生长量，因此不能够如同成人裙装一样很贴合人体体型，在长度和围度的结构放松量上均比成人略大；幼童和小童在腰部的松量相对较大，采用松紧带、背带的方式比较合适；大童的裙子开始逐步可以增加较为合体的造型，在腰围放松量上适当减小，并增加腰头和腰省的结构。

2. **基于款式和面料特征的结构设计**

童装的造型是由款式、材料、色彩三要素构成，其中，款式和材料对结构设计均有影响。根据不同的款式变化，童装原型在制作各类服装的时候要对原型进行一些处理，合体款式的结构设计，需要对原型进行缩减处理。宽松造型的服装,其围度的放松量和长度增加量因款式可灵活调节,胸宽、背宽、肩宽、衣长、裤长、裙长、臀围、中裆、脚口等都可根据款式变化而适当增加,以适应款式的造型需要。相同款式内层穿用和外层穿用应有松度的差异性。基于不同面料的厚薄、挺硬、柔软、弹性、卷边、悬垂等性能都将影响结构设计的变化,结构的处理上是有所不同的。例如,大部分针织面料塑造适体造型就不需要设置省道和过多分割;厚型面料比薄型面料的放松度要略大些。

(三)纸样的制作

服装纸样是服装结构最具体的表现形式,是服装生产程序中最重要的环节。当服装设计师在设计出服装效果图后,就必须通过结构设计来分解它的造型。即先在打板纸上画出它的结构制图,再制作出服装结构的纸样,然后利用服装纸样对面料进行裁剪,通过必要的工艺制作出样衣。样衣是服装批量生产前对设计款式的检验,样衣达到要求后,这套服装纸样就被定型,作为这个款的标准纸样。

童装的纸样和成人装的纸样的制作方法相同,有净样板和工业板。净样板是服装缝制好后的尺寸,工业板是在净样板的基础上加入缝份的量,方便大批量生产时排板之用。由于工业板要反复多次地使用,所以,工业板要采用较厚的板纸或卡纸来制作。无论是净样板还是工业板,样板上都应有制作服装的信息,比如服装的尺寸、型号、丝缕方向、样板数量和编号等。

四、童装工艺设计

童装工艺是系列童装主题设计实物化的加工手段。任何设计都不能只是纸上谈兵,它们终将以成品服装的形式展示出来,特别是童装企业,其设计都是围绕成为商品进行的。对于设计来说,工艺制作是完成设计的重要环节,而且工艺的好坏直接影响到服装的效果,做工精良和细节完美的工艺能够提升童装的整体品质,合理耐用的工艺是童装实用性的基础。系列童装主题设计在结构设计完成后,需要根据儿童生长过程中对服装工艺和具体款式的设计要求进行设计斟酌,确保工艺顺利实现童装的各种需要。系列童装的工艺环节包括手缝工艺、车缝工艺、熨烫工艺、部件工艺、组装工艺、装饰工艺等,涉及的内容有结构、材料、裁剪、缝制、整烫、整理等。

(一)基于儿童年龄特征的工艺要求

从工艺制作来说,童装的加工手段跟其他服装没有太大差异,但其在工艺设计上有所不同,具体体现在不同年龄阶段的儿童穿着的行为方式和审美性上。

安全、耐穿、美观是对各个年龄段童装工艺设计的要求。

婴幼儿童装工艺设计要考虑保护儿童生长发育期娇嫩的皮肤及其他器官,内衣要尽量避免接缝,尤其不能使缝份太厚,最好采用缝份较薄不外露的方式合缝,以减少缝份与皮肤的直接接触。1~3岁的幼儿装,应尽可能减少衣服上易于脱落、易被儿童吞食的幼小部件。小、中童服装中出现的拉链或粗糙的缝边应做好包缝处理,确保服装的安全性和穿着的舒适性,局部细节上会在婴儿服装的基础上适量添加一些花边、褶裥、镶拼等的工艺细节,满足其趣味性和装饰性的审美需求。10岁以后的女童开始出现胸腰差,育克分割、省道、褶裥及腰节线设计开始丰富多变,缉明线、刺绣、镶、滚、贴、嵌等装饰工艺也花样百出,但缝制工艺的坚牢度仍是这一时期童装工艺设计的重点。大童的活动量较大,运用恰当的工艺在易磨损的部位采用分割和拼接的设计,能起到加固、防护和美化装饰的作用,如在膝盖、袖肘、裤袋插口处适当缝缀图案,或者采用绗缝、双层设计等。

（二）基于不同材料和风格造型的工艺设计

系列童装主题设计中不同的服装造型使用多种材料，缝制不同的材料需要相应的加工工艺。如针织类的编织童装需要对手工编织或机器编织工艺进行设计，皮革和一些涂层面料需要特殊的缝制设备和工艺设计等。而对于一些设计中需要强调的服装风格很多时候和必要的工艺是相联系的，因而，系列童装主题设计中的工艺形式除去基本缝制工艺外，具有装饰性的工艺也是多种多样的，它极大地丰富了系列服装的外观，同时相同的装饰工艺也是构成童装系列感的一种手法。

1. 手工装饰工艺

手工是最具情感的工艺形式。服装手工技术源远流长，璀璨辉煌，少数民族的服饰更是体现精湛高超的手工装饰技艺，在服装工艺中发挥着重要的作用，有着不可低估的艺术价值。我们需要传承手工的技艺，同时也应将它发扬。

系列童装主题设计中手工装饰工艺是运用布、线、针、串珠等材料和工具，通过精湛的手工技巧，如刺绣、编结、造花、扎染、蜡染、手绘等与童装造型相得益彰，达到装饰美化童装的目的（图9-6）。

图9-6 童装设计中的多种手工装饰工艺

运用手工装饰工艺于系列童装主题设计中需要思考以下问题：第一，手工相对于其他工艺在制作时间上要长，那么，如果作为批量生产的童装设计手工的装饰工艺，在生产计划中要保证其完成的可行性。第二，生产或制作的手工艺童装由于生产的社会必要劳动时间的增加，其商品价值较高导致服装价格的提升，因此，工艺设计需要准确的市场定位。第三，手工艺的装饰性具有更多的创意和个性空间，比较适合制作艺术性较强的定制童装。另外，基于面料的肌理和外观风貌的不同，应有选择性地设计匹配的手工装饰工艺，起到画龙点睛的作用。

2. 车缝装饰工艺

车缝装饰工艺主要通过使用各种专用缝纫设备对童装进行装饰处理，是系列童装主题设计中普遍运用的装饰手法，它主要包括印花、电脑绣花、缉明线、拼贴、打褶、滚边、宕条等装饰工艺（图9-7）。

各种装饰工艺的设计与运用要结合儿童的童真和服装造型以及风格的需要，服从于系列童装主题设计的整体效果，切忌过于繁多堆砌，避免使童装流于花哨和庸俗的形式（图9-8）。

图9-7 童装设计中的车缝装饰工艺细节

图9-8 约翰·加里亚诺童装中的装饰工艺元素

五、系列主题童装成品展示

系列童装设计从确定主题、设计构思、绘制设计效果图到结构设计、工艺设计环环相连，完成设计的整个流程，最终形成童装成品，实现设计的最终形式（图9-9、图9-10）。

图9-9 系列童装主题设计效果图

图9-10 系列童装主题设计实物图

无论是参加服装设计大赛还是企业的产品设计，制作成型的成品无疑都是对设计构思最好的诠释，是审视设计效果的依托体，它通过静态和动态的展示手段从不同的角度演绎设计作品的主题、创意、造型以及艺术魅力。

（一）静态展示

静态展示主要是通过不同的陈列方式对设计作品进行展示，如橱窗、挂架、台格、器皿等物体，使设计作品在特定的环境和陪衬物下突出设计的特征、风格、造型以及用途等与设计相关的内容。

（二）动态展示

动态展示是设计作品通过人体模特的表演来诠释设计内容。它以最贴近设计者内心感受的背景、音乐、灯光、人体妆容等多种造型语言和氛围，立体打造服装与儿童的造型关系，调动人体的各个器官体验直观、生动、形象的展示效果。

本章小结

- 主题是一种命题或题目，是设计创作要表达的主要内容，是服装作品的核心。

- 系列指某一类产品中具有相同或相似的元素，并以一定的次序和内部关联性构成各自完整而又相互联系的产品或作品形式。它运用系统化的思维形式、设计程序和美学法则，通过选择材料、结构设计与裁剪和工艺缝制等过程来完成系列产品。

- 童装主题设计的核心是对主题的把握，它要求设计者要充分理解主题的含义。当主题的表现方式和形式感明朗后，设计者需要调动各种设计元素积极向它靠拢，使设计语言更贴近主题，对元素间的主次关系、空间感、层次感要有统一协调的驾驭能力，使系列童装的设计不但要有整体的系列感，也要使各套童装之间有差异性。

- 任何设计都需要传情达意，需要将思维构思的结果表达出来。合格的服装设计师必须具备将设计理念和头脑中的所思所想表现在纸上的能力。它包括以下几个内容：构思绘制设计草图、绘制设计效果图、绘制款式图、选择面料小样和编写设计说明。

- 结构设计是实现童装造型从平面到三维转化的技术条件。系列童装主题设计的结构必须以儿童的体型特点为依据，结合款式和面料特征进行考虑。科学合理的结构设计能较好地支撑和完成服装设计效果，也让服装穿着后具备舒适的性能。

- 童装工艺是系列童装主题设计实物化的加工手段，是完成设计的重要环节。安全、耐穿、美观是对各个年龄段童装工艺设计的要求。制作工艺的好坏直接影响到服装的效果，做工精良和细节完美的工艺能够提升童装的整体品质，合理耐用的工艺是童装实用性的基础。

- 成品是对设计构思最好的诠释，是审视设计效果的依托体，它通过静态和动态的展示手段从不同的角度演绎设计作品的主题、创意、造型以及艺术魅力。

思考题

1. 思考童装主题在设计中的作用。

2. 系列童装主题的形成有哪两种方法，请结合具体内容选择一个主题进行相关资料的收集，制作一个主题板。

3. 童装的结构设计和工艺设计有哪些要求？

4. 选择一个童装比赛的主题进行系列童装主题设计，以效果图的形式体现，并附上正背面款式图、1：5结构图、面料小样以及设计说明。

参 考 文 献

[1] 周丽娅，胡小冬. 系列童装设计[M]. 北京：中国纺织出版社，2003.

[2] 崔玉梅. 童装设计[M]. 上海：东华大学出版社，2010.

[3] 刘晓刚. 童装设计[M]. 上海：东华大学出版社，2008.

[4] 沈雷. 针织童装设计[M]. 北京：中国纺织出版社，2001.

[5] 陈志华. 少年童装设计与创新[M]. 北京：化学工业出版社，2010.

[6] 陈静红. 童装设计与生产技术[M]. 上海：东华大学出版社，2012.

[7] 马芳，李晓英，侯东昱. 童装结构设计与应用[M]. 北京：中国纺织出版社，2011.

[8] 徐蓉蓉. 服装色彩设计[M]. 上海：东华大学出版社，2010.

[9] 李当岐. 服装学概论[M]. 北京：高等教育出版社，1990.

[10] 刘元风，胡月. 服装艺术设计[M]. 北京：中国纺织出版社，2006.

[11] 陈楠，杨迪. 平面构成[M]. 上海：学林出版社，2012.

[12] 克莱夫·贝尔. 艺术[M]. 北京：中国文联出版公司，1994.

[13] 潘海生，杜晓雨. 平面设计原理[M]. 北京：北京理工大学出版社，2013.